设计自觉

环境设计师养成手册

杨玥 ◎ 著

中国农业出版社

北京

图书在版编目（CIP）数据

设计自觉：环境设计师养成手册／杨玥著．—北京：中国农业出版社，2020.8
ISBN 978-7-109-27163-0

Ⅰ.①设… Ⅱ.①杨… Ⅲ.①环境设计-手册 Ⅳ.①TU-856

中国版本图书馆 CIP 数据核字（2020）第 144907 号

中国农业出版社出版

地址：北京市朝阳区麦子店街 18 号楼
邮编：100125
责任编辑：国 圆 文字编辑：常 静
版式设计：杜 然 责任校对：刘丽香
印刷：北京大汉方圆数字文化传媒有限公司
版次：2020 年 8 月第 1 版
印次：2020 年 8 月北京第 1 次印刷
发行：新华书店北京发行所
开本：880mm×1230mm 1/32
印张：5.75 插页：8
字数：150 千字
定价：59.00 元

导　读

　　本书以我自身的学习与工作经历、设计及研究成果等内容为素材，总结了一名普通设计师兼高等院校教师的成长之路、基本素养和前进方向。全书内容共分为七部分：

　　第一部分"设计——从校园说起"：主要讲述了我与两所校园之间的渊源与情感，并以这两所校园为例，通过对其进行拍摄、测绘、调研、反思等学习与实践过程，阐述了培养一名设计师所需要具备的环境条件和基本技能。

　　第二部分"行走——无处不设计"：讲述了作为一名设计师，应该时常带着敏锐的视角，发现身边及他处的前沿设计或传统设计，不断探索新的设计需求和设计市场，吸取优秀设计的经验，再将搜集到的各种案例资料进行整理并内化、升华。

　　第三部分"写生——指尖思考"：讲述了作为一名设计师应该具备的观察感知力、手绘写生能力以及设计创造能力，并分享了多次带领学生外出写生与考察的经历，以及在写生的基础之上进一步设计与创造的方法与相关作品。

　　第四部分"展示——你中有我，我中有你"：介绍了"设计展示"与"展示设计"二者间的联系与作用力。在展示空间中，既是展示设计师们的设计作品，也同时展示了整个展示场地是如何设计的。一方面，作为一名参展设计师，自己的设计作品需要向大众展示，以得到大众的认可或批评，从而促进作品的优化与思想的进步；另一方面，作为一名观展群众，也有必要通过观展来对自我进行美育教育，丰富思想内涵与日常生活。

第五部分"笃行——知行合一"：主要总结了在自身成长及教书育人道路中的多项设计实践，其中包括园林景观设计和室内装饰设计；也涉及了建筑外形设计、平面设计及设计管理与策划等相关内容。

第六部分"分享——一加一大于二"：这一部分主要表明了一个观点，即学习、设计及研究成果是需要相互分享的，通过设计对话、成果发表及展览等分享活动，共建知识共享的积极氛围，共同推进设计行业"一加一大于二"的加速前进浪潮。

第七部分"自觉——有比设计更重要的事"：本部分作为此书最重要的精神内核，揭示了作为一名合格的当代设计师需要履行的基本职责和需要具备的基本素养，即比设计本身更重要的事——"设计自觉"。这份"自觉"，不仅包含了设计师担负的学习职责和社会职责，也包含了最基本的设计沟通能力、文学功底、创新意识、团队精神和敬业精神，还包含了种种终身学习的意愿及能力。

目 录

导读

一、 设计——从校园说起

大学之道，在于明德。大学精神的本质不是使人变得更深奥，而是回归原有的天真。同样，对于环境设计专业的学生来说，几年的大学生活是他们的重要人生阶段，是汲取设计养分的地方。大学不同于一般的职业培训，更重视学生设计素养的培养，这对于一名设计师是终身受用的。

而在学生们成为真正的设计师之前，校园环境是他们最为熟悉的设计产物之一，其中的建筑、景观、导视系统等方面的设计对一名设计师的影响是潜移默化的。首先，我们就来谈一谈将未来设计师们置身于其中，并发挥着重要影响力的校园环境设计。

（一）拍摄

1. 从黄桷坪到虎溪 有人说，重庆人的艺术生活很大程度上和一所高校有关，它就是我的母校——四川美术学院（简称川美）。四川美术学院里的每一个元素，都能吸引这座城市的关注。她有两个校区，老校区在九龙坡区黄桷坪街道，被称为川美黄桷坪校区；新校区在沙坪坝区虎溪镇的大学城里，被称为川美虎溪校区。

"黄漂"，是四川美术学院黄桷坪校区附近特有的一群人。这些人大多是四川美术学院的学生，既有在读的，也有已毕业多年的，他们都为了艺术和梦想坚守在这条街上。从2005年的寒假我来到黄桷坪参加美术高考集训开始，一直到搬到新校区之前，我在这里待了整整一年的时间。在这里，我见证了川美带动着一个地区的文化，涂鸦、美食、美术培训班、川美学子以及来来往往的"黄漂"们，让黄桷坪处处充满了艺术气息。

后来，作为2006级的学生，我们从带着孕育了多年的艺术文化的黄桷校区，来到了虎溪校区。来这里的第一天就听上一届的学长学姐们说不太喜欢这里，因为他们是第一批来虎溪校区的学生，那时候的大学城十分荒凉。不过刚到的我们却觉得这个校区的景色十分特别。校园建设因地制宜，保留了原本的山水田园地形和部分农户人家，与自然生态和谐共生。另外，还增添了许多朴素的陶罐、五彩的瓷器、原生态的梯田、荷塘、农舍、石磨、水车、犁耙、石桥、水渠，还有那长长的随山势而建的廊架和凉亭，这些都与各种现代雕塑一起散布在校园里，显得那么相得益彰（图1-1至图1-4）。虎溪校区校门内的中央位置矗立着超大的校友墙，上面记录着1954年以来在川美就读的4万多名学生的名字，当然也能在上面找到我的名字。随着建设的日渐完善，所有川美的学生都对这个校区的环境设计赞美有加，也为自己是川美的一分子而感到自豪。

图1-1 黄桷坪校区雕塑1
（与虎溪校区雕塑1呼应）

图1-2 黄桷坪校区雕塑2
（与虎溪校区雕塑2呼应）

图1-3 虎溪校区雕塑1
（与黄桷坪校区雕塑1呼应）

图1-4 虎溪校区雕塑2
（与黄桷坪校区雕塑2呼应）

2. 从双桥到南泉 说是我学生的母校，其实就是我教书的地方——重庆工程学院，简称重工。

2015年7月，重庆工程学院双桥校区建成并投入使用（图1-5）。双桥校区位于风景秀丽的龙水湖畔，占地247亩*，总建筑面积约8万米²，校舍面积30.29万米²。优美的校园环境，现代化的数字校园，独特的产教融合人才培养模式，每年吸引着全国数千学子来校求学深造。重庆工程学院双桥校区的建成投用，对双桥经济技术开发区的人才培养、产业发展和城市建设等方面都产生了积极的推动作用。

说到位于重庆市巴南区花溪河畔的重庆工程学院南泉校区（图1-6），不如就用一首歌来描绘：

我们在南温泉边相聚，

用青春点击五彩梦想；

我们从花溪河畔启航，

用指尖谱写时代华章。

我们是校园年轻香樟，

汲取着营养茁壮成长，

---

* 亩为非法定计量单位，1亩≈667米²。——编者注

我们要成为祖国栋梁，
担当起民族复兴希望。
沐浴在校园的阳光里，
我们勤学善思笃行；
滋润在校园的雨露里，
我们自信自立自强。
尽责守信，立人生风范，
求精创新，铸事业辉煌。
沃土培育根深叶茂，
甘泉沁浸，馥郁馨香。
啊！工程学院，立德树人我的航向；
啊！工程学院，启迪智慧我的殿堂。

图 1-5　重庆工程学院双桥　　图 1-6　重庆工程学院南泉
　　　　校区正大门　　　　　　　　　校区正大门

　　这就是重庆工程学院的校歌《香樟情怀》。此歌曲是取材于重庆工程学院校园文化环境而创作的一首校园歌曲，由唐一科教授作词，黄静老师作曲。相信光听歌词就能对南泉校区的文化、历史、校园环境等方面的特色有一定的了解。

（二）测绘

　　校园环境会对学生产生潜移默化的影响，使他们在不知不觉中受到濡染和熏陶。为了更好地了解我们的校园，了解校园的景观设计、建筑设计以及在这些设计中所呈现出来的校园文化和教育思想，第一步就应从校园的测绘研究开始。

1. 川美虎溪校区测绘——学习

2009 年 5 月，我还是一名设计系大二的学生，全班 26 个人跟着老师一起对川美虎溪校区的多个建筑环境进行测绘。"测绘"就是测量和绘图，当时我们正在学习如何绘制施工图。老师告诉我们这是创造性设计技能的基础训练，通过对建成环境第一现场的"测"与"绘"，对于理解景观环境的基本尺度、材质、空间限定、意境等有难以替代的作用。在老师的带领下，我们分别对川美虎溪校区的中心实验室和食堂进行了测绘，真切而又细致地感受了建筑及其环境的基本尺度、材质、空间构造等，大家的测绘能力也有了明显提高（图 1-7 至图 1-9）。

2. 重工双桥校区测绘——教学

2019 年 6 月，与当年川美老师带领我们进行测绘练习的目的一样，我也带着重工双桥校区环境设计系的学生们到校园前区进行景观测绘。对于环境设计相关专业教学而言，通过第一现场的测量与绘图练习，学生可以深刻地体会景观园林的空间、材质、意境等，这无疑是学生进入专业设计领域极其重要的一个环节。课程通过"测"，进行现场踏勘、尺度把握、材料认识、空间理解、园林植被认知等，并以"绘"制成图的过程来进行专业设计图纸的表达、基本绘图技能的提高等训练（图 1-10、图 1-11）。

（三）反思

我们前面所讲到的"拍摄"与"测绘"，我将它们概括为设计中的"存影"，它包括了文字、图片、声音甚至是脑海中的记忆。借此，我们将这些影像和反思带入了主题为"重庆工程学院双桥校

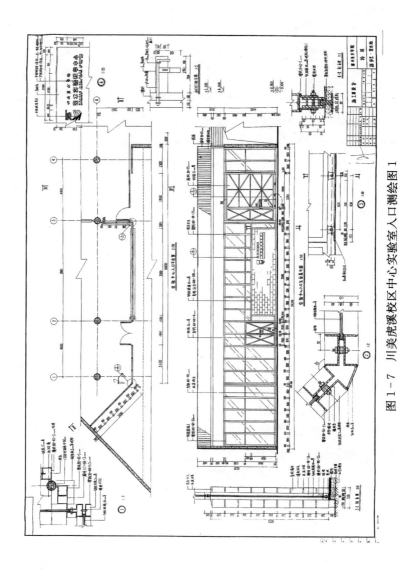

图 1－7 川美虎溪校区中心实验室入口测绘图 1

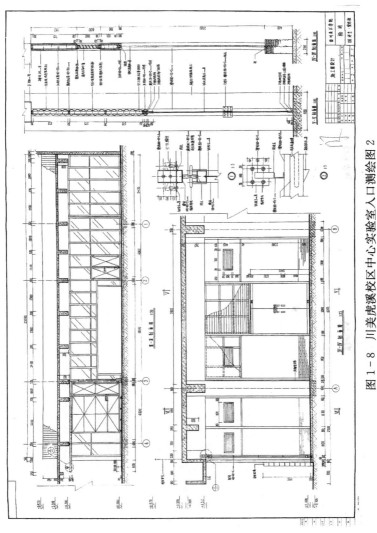

图 1－8 川美虎溪校区中心实验室入口测绘图 2

設计自觉 环境设计师养成手册

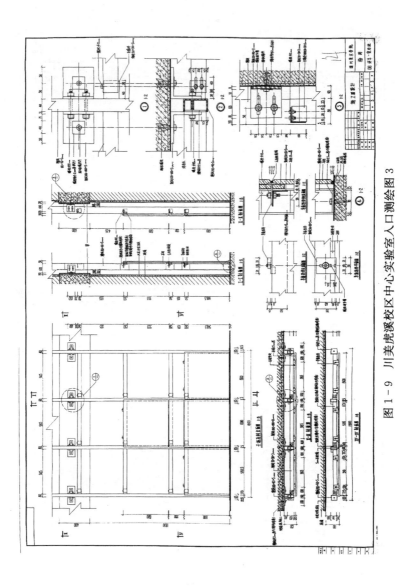

图 1－9 川美虎溪校区中心实验室入口测绘图 3

8

图1-10　带领学生测绘情境1　　　图1-11　带领学生测绘情境2

区入口空间形象研究"的课题中去。研究过程中有 8 名教师、1501801 班与 1501802 班共计 62 名学于参与，我们将研究过程融入教学，师生间教学相长，效果良好。

1. 重庆工程学院双桥校区入口空间形象研究概述

(1) 研究背景及意义。

①研究背景。大学是一所城市的名片，也是城市景观的一面特殊旗帜，构建良好的校园景观是城市建设中的重要一环。2015 年 7 月，投资 2.53 亿元的重庆工程学院双桥校区建成并投入使用，其校区占地 247 亩，总建筑面积约 8 万米²。目前，双桥校区内的建筑部分已经建设完毕，而景观部分还有待进一步优化。良好的校园景观，可以对学生施以潜移默化的影响，使他们在不知不觉中受到濡染和熏陶。但这是一个长期性的建设工程，为了更快更好地达到这一效果，第一步就应从入口空间形象研究开始。

②研究意义。在双桥经济技术开发区仅有的 3 所高等学校中，重庆工程学院是唯一的一所本科院校。重庆工程学院双桥校区所处的西湖大道，未来将作为通往大足时刻旅游景区的重要主干道。这预示着重庆工程学院的校园入口景观，将作为校园的序幕和点缀，成为展示学校特色文化与双桥教育产业形象的重要窗口。

(2) 理论基础及依据。

①校园文化的概念及形成条件。校园文化指的是学校所具有的

特定精神环境和文化气氛，包括校园建筑设计、校园景观、绿化美化等这类物化形态的内容，也包括学校的传统、校风、学风、人际关系、集体舆论、心理氛围以及学校的各种规章制度和学校成员在共同活动交往中形成的非明文规范的行为准则。

大学的校园文化是社会整体文化的一部分，是在学校各种教育和环境的潜移默化影响下形成的。良好的大学校园文化建设包括校园制度文化建设、校园物质文化建设和校园精神文明建设。其中，物质文化是校园文化的一种表现形式，它往往扮演一个规范和约束的角色。

②地域文化与大学校园景观建设的相互作用。校园文化是一个学校的精神基础，反映了校园的精神风貌、审美取向、生活方式、学术氛围、历史文化、娱乐文化等；地域文化则是一地域在长期的历史积淀中形成的不同于其他地域的风俗习惯、历史文化等。校园文化是在地域文化的影响下形成与发展的，是地域文化系统的子文化；地域文化又随校园文化的发展而发展，为地域文化注入新鲜的文化内涵，影响地域文化的发展。两种文化相辅相成，互相渗透。

(3) 研究目标。大学校园的景观环境塑造，无论是老校区的更新还是新校区的建设，都是一个阶段性、长期性的工程。为了更快更好地塑造出文化特色，第一步就应从入口空间景观建设研究开始。针对重庆工程学院双桥校区建设，从校园入口区的景观形象研究开始，展示学校深厚的文化底蕴，渲染浓郁的学术气氛，彰显高雅的艺术气质，力争为将双桥校区的入口区打造成为西湖大道上最著名且最具吸引力的"明星景点"做好充分的理论支撑，也为之后能进行系统性的校园特色文化景观研究及建设做好充足准备，将南泉校区的特色文化传承进双桥校区，让学生不仅拥有一个优质的课堂学习环境，还有一个优美的课余生活环境。

(4) 主要研究内容。一是对大学校园入口空间的发展脉络、作用、构成要素、形态类型等进行研究。并结合实例对不同规模、不同区位的校园入口空间进行深入调查分析，总结成功与不足，从而提出塑造人性化校园入口空间的原则和方法，力图为双桥校区的校园入口空间设计提供指导作用。

二是研究重庆工程学院双桥校区的入口空间形态。将合理的入口空间形态与重庆工程学院校园文化进行有机融合并创新，力求体现学院 logo、校风、校训、学风、校歌（《香樟情怀》）、四大学院特色、历史沿革、办学理念与传统准则等新老校区的特色，对如何建设一个有特色的校园入口空间环境做一次有意义的探讨。

（5）研究对象及范围。

①对大学校园入口空间的发展脉络、作用、构成要素、形态类型，以及塑造人性化校园入口空间的原则和方法等内容进行研究。

②对重庆工程学院双桥校区的入口空间形态进行研究。研究如何将合理的入口空间形态与重庆工程学院校园文化进行有机融合并创新。

（6）研究方法及运用。

①演绎推理法。对搜集的资料进行综合概括、归纳和提炼，并结合实际案例进行综合分析。通过列举大量中外实例作为依据，有助于证明本书论点的正确性，而且生动形象、明了，易于理解。

②比较分析法。通过搜集资料（以大量的实例搜集为基础），对国内大学校园入口景观进行分析研究，把握处理更为宏观的对比结果。并亲自考察国内一些知名大学，对其入口空间进行对比分析。同时，调查访问相关空间的使用对象，对其空间的社会功能性做出反馈。

③项目实践法。以重庆工程学院双桥校区的入口空间形象设计

为对象，在研究理论上进行实践论证。推敲出多组方案，深入分析比较，多方采纳意见及建议，选出最优方案。

（7）研究影响与效果。 作品"重庆工程学院（双桥校区）校园前区空间形象设计"参加 2018 年重庆工程学院科技活动周成果体验展，展览反响较好。同时，将科研融入教学，带领 1501801 班与 1501802 班共计 62 名学生参与重庆工程学院双桥校区校园前区空间形象设计，教学效果理想。

（8）结论与建议。

①双桥校区入口区现状优劣势及改善措施。

优势 1：双桥校区地处通往大足石刻旅游景区的重要干道（西湖大道）上，大大增加了校区的曝光率。由于观赏方式以行车观赏为主，即单次观赏时长以秒计算，故入口景观体量不宜过小，色彩宜尽量突出。

优势 2：整个双桥校区都是新建建筑，整体形式风格统一，周围无其他建筑物，因此入口区的景观打造空间较大，形式风格与周围景观和谐方面的顾虑相对较少。单在新建景观设计时，不能盲目地追求前卫与新颖，必须与本校的文化内涵相结合。

劣势 1：目前双桥校区入口建筑体虽然简洁大气，但并无本校特色，视觉张力也没达到吸引来往车辆停车观赏的程度。入口区与校前区都缺少能渲染学术气氛的景观小品，景观构成较为单调，个性特征不明显。从成本及生态的角度考虑，应在尽量不改动现有设计的前提下，适当增加具有校园特色的景观节点及小品，也可进行部分区域绿化与景观节点相呼应的调整。

劣势 2：服务型设施不足。通常，新建校园入口空间的交往性特点会越来越强，逐渐成为短暂停留的驿站，如校外来访者或是校内人员出入都有可能在入口处做短暂停留、等候和休息。而入口区离校内建筑群较远，缺少必要的遮阴、憩息设施。

②双桥校区入口空间形象设计建议。首先，入口应具有明确的

指向性，并以人流的聚散、方向的转换以及空间的过渡为前提。其次，入口在满足沟通内外空间的同时，是安全防卫最薄弱的部位，也是安全防卫最重要的环节。入口空间的防卫功能是现实存在的客观要求，它不仅影响着空间封闭程度，而且也是决定入口形式的因素之一。

2. 重庆工程学院双桥校区入口空间形象研究成果　随着当代高校校园功能的多样化与复杂化趋势日益增强，必然导致其空间的拓展。高校校区的拓展不像从前受周边用地的较大局限，而是很大程度上增加了高校与城市的结合，甚至高校新校区的建设还能促进城市经济的发展。未来的高校校园空间发展更强调对环境、历史的尊重和再造，使其创造优美环境的同时，能使人们充分领略独具特色的校园文化及育人理念。

(1) 高校新校区入口空间形象的设计原则。

①传承老校区校园文化并融入新校区当地文化的原则。在新校区的建设上，应考虑校园文化的融入及体现，而校园文化已在老校区的建设中日渐形成并昭告四方，因此，新校区不再需要建立全新的校园文化，而是在现有基础上将其与新的建筑及环境融合。

②边使用边设计的可持续化发展设计原则。由于校区的建设都不是一日所成，而是一个长达几年甚至十几年的分期建设过程。因此，在初期设计与修建时，应多将各个功能空间考虑得更加灵活一些，方便日后应对各功能空间的更换、使用人口的增加、内外交通的衔接等多方面因素的变化。

③校园环境内外共享的普世原则。从社会共享经济到校园共享环境，"共享"这个概念早就渗透在每个人的思想当中。新校区建设不仅仅只局限于学校内部，也包括学校外部及周边环境。通过校园入口及相邻的外部环境打造，吸引广大市民来校参观学习、休闲赏玩，在某种程度上宣扬了学校的文化内涵，活跃了校

园气氛，也造福了广大市民，资源共享才能将校园建设推向更高层次的意义。

（2）高校新校区入口空间形象的设计目的。

①入口的主要功能应有清晰的针对性。入口的主要功能应有清晰的针对性，以人员流动分散、转型的方向和过渡空间为前提。此外，入口在连接内外空间的同时，是安全与防卫最弱的一部分。入口空间的防御功能是人们现实的客观要求，这不仅影响空间的封闭程度，也是决定入口形式的其中一个因素。

②入口空间应该有以下特点。首先是领域感，即以校园主入口为中心，向四周发散形成，与其他空间直接或间接地接触。其次是层次感，层次感是指校园门户空间的特点，高校入口空间应该向外界展示有层次感的校园文化和校园形象。最后是流线感，作为校园空间的起点，入口空间是通向其他区域的必经之地，在组织人行及车行的交通流线上应形成一个视觉流线。

③入口空间应能满足文化展示与传播目的。入口空间不仅是建筑文化的一个重要标志，也是人们解释建筑文化信息的开端。通过合理组织建筑空间结构，塑造外部空间形式，将历史文化与情感融入建筑和环境中，激励人们的各种心理情感和灵魂冲击。

④入口空间应体现地域文化。

A. 尊重与利用原始地形地貌。

B. 改善校园景观与城市的对接。

C. 运用与创新地方材料。

D. 传承与创新地方建筑风貌。

E. 传承与再现地域历史文化。

F. 继承与发展本校人文校史。

3. 重庆工程学院双桥校区入口空间形象研究总结 作为一座城市里青年群众的主体，大学生活跃并丰富着城市生活的内容与节奏，甚至影响着一个城市的面貌与性格。为高校新校区营造积极的入口空间，给大学生提供良好的学习和生活环境，可以更好地促进大学生与城市的融合。而作为校园与城市联系部分的校园入口空间也具有重大意义，它能影响在校学生及社会大众对地域文化的理解和认识，促进地域文化的传播与发展。

（四）成果

在对高校校园文化与高校校园景观建设进行了系统性的研究之后，我们又将前期理论研究成果应用到实践研究中去，完成了以重庆工程学院双桥校区入口空间形象设计为主的理论研究。

1. 重庆工程学院双桥校区入口空间形象设计方案（部分）

（1）方案一：凝心聚力，重工之光。

方案一：凝心聚力，重工之光

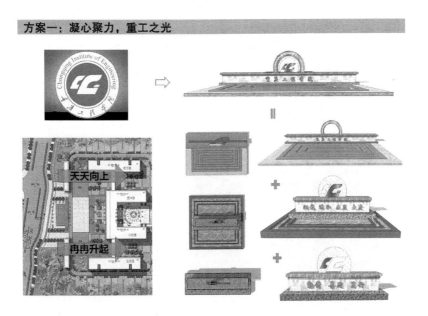

方案一：凝心聚力，重工之光

方案鉴赏：

· 凝心聚力→知识靠积累，齐心助成功；

· 重工之光→明日新锐，冉冉升起，闪闪发光；

· 办学理念→校徽、校训、校风、学风；

· 一脉相承→水纹植物与水景，追根溯源至南泉。

（2）方案二：结草衔环，展翅飞翔。

方案二：结草衔环，展翅飞翔

方案二：结草衔环，展翅飞翔

展翅飞翔：CG字母变形，为理想飞得更高。
结草衔环：比喻感恩报德，至死不忘。

（3）方案三：重工十载，南泉一脉。

方案三：重工十载，南泉一脉

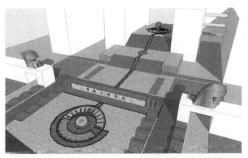

方案三：重工十载，南泉一脉

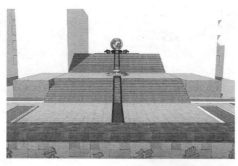

2. 重庆工程学院双桥校区入口空间形象设计展示海报

作品名称：重庆工程学院（双桥校区）校园前区空间形象设计。

展示形式：2 张尺寸为 1 800 毫米×800 毫米的海报，无缝对接，X 展架支撑（图 1-12）。

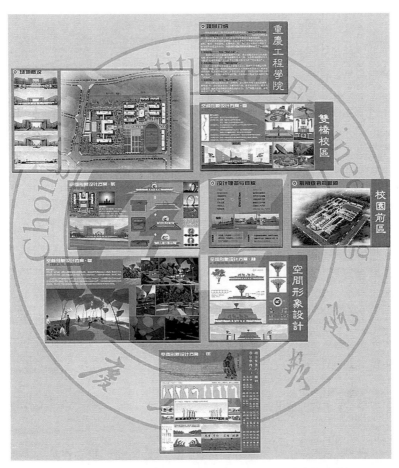

图 1-12　重庆工程学院双桥校区入口空间形象设计展示海报

二、 行走——无处不设计

作为一名设计师，应该时常带着敏锐的视角，去发现城市、乡村等地的前沿设计或传统设计。设计师不断探索新的设计需求和设计市场，吸收身边优秀设计的精华，再将搜集到的各种案例资料进行整理并内化。这已成为每一位职业设计师的习惯、爱好，甚至是治不好的"职业病"。这种"职业病"驱使着我们不断关注着身边或远方的城市、村镇及人文历史、自然风光等，在每一次的近距离关注、考察、体验中，我们不仅仅是一名设计师，可能还是一名社会学家、一名游客，甚至是一名当地人。

（一）城市漫步

在城市中，有太多事物需要我们去细心感受，精心设计，慢慢品味。如一座城市的居住、美食、公园、教堂、剧院、展览馆、教育与文创、城市交通等。

1. 居住

（1）谈谈国人的居住理想。 中国建筑是以人为本的，中国文化在这方面一直保有其原始的、纯朴的精神，它从来就是为生活而服务的，为国人而服务的。拥有一个理性、绿色、浪漫、本土的居住环境，自始至终都是国人的居住理想。

①理性。包豪斯提倡手工艺与机器生产相结合、建筑设计与工业设计以及其他艺术实践相结合，通过建筑设计在民生上的改善，拉动工业设计及其他艺术设计领域。而住宅建筑的灵魂，即人文关怀包括以下内容：平民意识、多元意识、交流意识、私密意识、尊老意识、助残意识、创新意识、超前意识、环保意识以及质量意识。

②绿色。毋庸置疑，21世纪的生态危机对设计师构成了威胁。设计师无路可逃，只能呆立原地。因为设计师自身就是危险来源，一切危机都是拜设计师自己所赐。也可以这么说，生态危机起自设计，生态危机的出现就是设计师的失败。现在人们已经很清晰地认识到，设计正处在创造和破坏之间。在这样的形势下，人们开始探讨绿色设计，认真履行"边建设边保护"原则。

③浪漫。浪漫是马克思主义社会批判注重的审美情结。确实，在工业化的日常生活中，浪漫是使人们灵魂安定、人际关系和谐的重要元素。去过欧洲的设计师们不免感慨，为什么我们运用了高档材料，建成的环境甚至不如人家普通材料组合的效果好？这种思考说明他们捕捉到了浪漫的踪迹，有了追求的目标。

④本土。在住宅建筑设计中，除了体现它本身的物质性质外，更要重视它在本土文化层面上的引导作用。应正确认识今天的消费与设计在市场中的盲目性，通过设计来引导消费。多年来，房地产产品开发局限于以"欧陆风"为主，但设计不能只是个模式，应慎重对待西方设计文化的引进。新加坡就有过教训：由于建筑民族风格不再，欧陆风盛行，造成1987年后西方游客锐减。消费文化需要研究也需要引导，消费者和设计者是在相互交流中走向成熟的。

(2) 设计者为谁而设计。要想搞清这个问题，大家可以来看看以下两篇调研报告。这是我曾经应聘一家地产公司时提交的一份答卷。试题要求针对龙湖地产集团的"睿城"和"紫云台"两个楼盘进行调研，分别从设计师的角度以及使用者角度来对楼盘的景观设计进行评价。

①龙湖紫云台景观设计调研报告（使用者角度）。利用台地的自然优势，将售楼中心建筑融入自然，营造"藏于山、隐于市"的神秘效果，激发人们的向往之情，吸引人们上山游览（图2-1、图2-2）。

图2-1 山脚下仰望售楼中心建筑

"龙湖 紫云台"的
不锈钢光泽的字体，
在锈红色的铁锈板
背景映衬下更加醒目

大片的紫色鼠尾草呼应了
logo中的"紫"字，
并营造出欧式庄园
特有的浪漫情怀

图2-2 售楼中心入口

从山下通往别墅区的迎宾道上，倾斜恭迎的竹林、灿烂多彩的波斯菊，都向宾客致以热情的欢迎（图2-3）。

竹林"弯腰恭迎"，仿佛在绿色隧道间穿梭

灿烂多彩的波斯菊向行人传达出社区活力，将人们领向葱茂树林之上的售楼中心

图2-3　通往别墅区的迎宾道

售楼中心前的绿地、喷泉及两侧挺拔的树阵（中东海枣），既向客人表达出社区的欢迎姿态，也暗示了欧式贵族般的高品质社区服务（图2-4）。

售楼部
中东海枣挺拔树阵
绿地
多边形欧式喷泉

图2-4　售楼中心前的景观设计

售楼中心左侧的无边际泳池设计，使观者在边界处的观景视线起点后置，较好地规避了堡坎下的灰色盘山道路，而将视线控制在远山与天空的理想范围内，构建出的"青山碧连天"的空中美景（图2-5、图2-6）。

图2-5 无边际泳池处赏空中美景

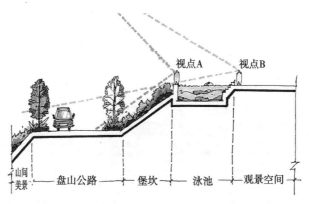

图2-6 视点B处的观景视野优于视点A

样板区景观设计充分借鉴欧式别墅庄园的设计语汇，其构筑要素多为大尺度流畅自由曲线，线形自然，韵律感强（图2-7）。

作为视觉焦点的
塑景乔木

大尺度流畅弧线
将视线引向焦点

图 2-7　园路及植物设计中的曲线运用

　　景观绿化构成形式丰富，以大面积的草坪及多种组团式的灌木为主，品种丰富。而看似随意实则考究的国槐、梅、李、桂花等乔木的种植分布，往往是画面中的点睛之笔（图 2-8 至图 2-10）。

　　地面铺装多以水刷石、花岗岩及人造文化石为主，坚硬的质感勾勒出柔美的边界弧线，对比之中相互调和（图 2-11）。

线

点

面

图 2-8　点、线、面的构成
形式丰富

　　设计的人性化还体现在多角度景观节点上，如窗外门前的植物配置，井盖、草坪灯、垃圾桶、标识牌的细节处理等，目光所及皆为风景，处处传递着设计师对人的关怀态度（图 2-12 至图 2-14）。

　　总的来说，龙湖紫云台在景观设计上，着力于赋予山庄贵族血统地位，力求突显欧式庄园外向大气的品质。利用台地、两山、两湖的自然优势，因地制宜，秉持"把建筑融入自然空间"的设计理念，将庄园融于山水之间，营造多层次、多角度、多色彩的园林景观，和谐独特、浑然天成。

图 2-9 海芋、雏菊等灌木
高低错落

图 2-10 桂花树点景

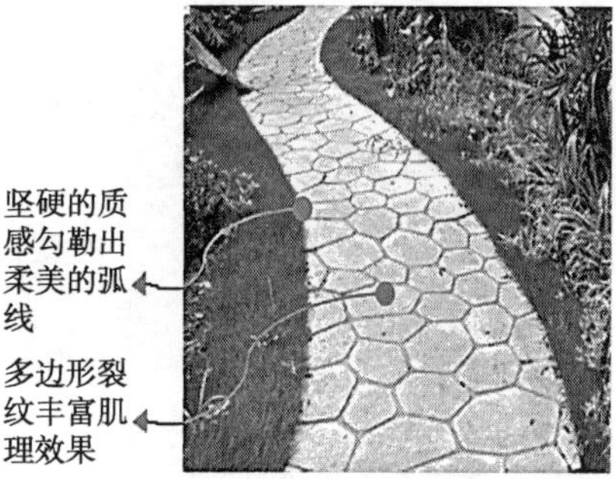

坚硬的质
感勾勒出
柔美的弧
线

多边形裂
纹丰富肌
理效果

图 2-11 地面铺装

图 2-12 紧邻窗外的绿化美景

渗水口上覆
盖的卵石

草坪灯旁的
花草小簇

图 2-13 细节处理 1

富有情趣
的汀步

施工区前的
喷绘屏障

图 2-14 细节处理 2

②龙湖睿城景观设计调研报告（设计师角度）。

A.项目简介。龙湖睿城取意"睿智、睿哲、睿见"，是针对大学城高级知识分子等受众群而开发定位的产品，正对重庆大学东大门，人文资源得天独厚。虎溪河恰好从社区流淌而过，将自然与人文在此相融。小区景观采用现代造园手法，始终贯穿"人本尺度"的设计原则，呈现出疏密有致、动静有别的鲜明特点。龙湖睿城产品的精彩，通过"中国大院、当代别墅"淋漓地表达了出来。

B.数据信息。建筑类型：别墅、洋房。设计风格：现代中式。龙湖睿城相关数据信息见表2-1。

表2-1　龙湖睿城相关数据信息

占地面积（米²）	建筑面积（米²）	容积率	绿化率（%）	总户数（户）	入住率（%）
150 000	150 000	1.0	60	1 280	70

C.景观评价。主题与特色——以"泉""院"为设计主题，突出中式院落内向与含蓄的气质，独特且易造景。并在装饰上融入传统"吉祥文化"中的印章篆刻，渲染出吉祥安居的社区文化氛围（图2-15至图2-17）。

功能与适用——小区内设有中心广场、游泳池、健身区、遛狗场、全地下停车场等，功能齐全适用。灯具、座椅、垃圾桶、导视牌等景观设施配置

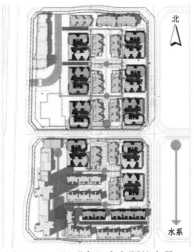

图2-15　以"泉"为主题的水景贯穿整个小区

完善且造型考究。小区分为A区、B区两块，在其相对位置分别设置主要入口，另外各区拥有一个次要入口以及3个车库入口，小

区内外交通流线清晰合理，可达性好（图2-18）。

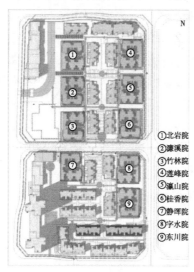

①北岩院
②濂溪院
③竹林院
④莲峰院
⑤瀛山院
⑥桂香院
⑦静晖院
⑧字水院
⑨东川院

图2-16 建筑组团以院落
形式对称分布

图2-17 传统"吉祥文化"
装饰语言

⬅ 主要入口
⇦ 次要入口
⬅ 车库入口
🅿 停车场
⋯⋯ 用地范围红线
--- 住宅区管理范围
⋯⋯ 一级人行路线
—— 二级人行路线
● 端头私有化
巡河路线一
巡河路线一
⋯⋯ 消防通道

图2-18 小区交通分析图

空间形态特征——力图塑造中式内向型庭院，景观结构遵循传统院落的中轴线两侧对称布局原则，以一条泉水景观大道为基准，左右两侧院落建筑单元对称分布。台式与下沉式空间相互穿插。景观游线丰富却不混乱，各点之间采用现代手法的"绿化连廊"和串联式水景相互贯通，视线穿透效果丰富多变，空间体量收放自如，节奏缓急有秩（图2-19至图2-21）。

图2-19 串联式水景中轴线

图2-20 中轴线左右两侧对称分布
的院落导视牌

图2-21 植物组成的连廊

界面与美感——直线分割界面，简洁明快，并采用中式园林中隔景、障景、借景、透镜、叠景等典型的造景语言，形成移步异景、曲径通幽的空间形式（图2-22）。竖向设计上，多层次的墙体分隔最为特色（图2-23）。地面铺装选材单纯，在统一中求变化，节点处多用青砖棱边拼装图案来点题（图2-24）。

图 2-22　叠景手法造景

图 2-23　多层次特色景墙

图 2-24　抽象字符纹样铺装

　　生态与人性——小区拥有 60％的超高绿化率，植物造景层次丰富，使业主在室内外的不同角度得到不一样的观景体验。植物采用传统园林中常用的、既便于造景又能烘托主题的品种，适当采用名贵树种。春有桃李芬芳，夏有石榴、紫薇、合欢，秋有银杏遍地金黄，冬有梅花怒放，使得小区拥有四季不同的风景（图 2-25 至图 2-27）。

30

图 2-25 植物种植层次丰富

图 2-26 注重色彩搭配   图 2-27 植物与水景遥相呼应

　　人性关怀多体现在细部设计上，如各院落中心的休息区、座椅上方的树荫、井盖上的草皮、入户门前的标识牌等（图 2-28 至图 2-30）。70％的入住率也充分证明了小区景观人性化设计的成功。

　　技术与经济——以"泉"为主题的水循环系统贯穿整个小区，一方面，这不仅需要较好的技术支撑，也需要后期有效的维护；另一方面，由于池中的卵石铺装，水景可轻松转变为旱景，这样既节约了资源，又丰富了造景形式（图 2-31、图 2-32）。

图 2-28 门前精心种植加
　　　 强了用户的归属
　　　 感及领域感

图 2-29 各院落单元中心的绿化休息区

图 2-30 人性化的底细部设计有利于人们的人际交往

图 2-31 给水管道

图 2-32 可轻松转换的水景与旱景

D. 评价总结。龙湖睿城将我国传统院落与"吉祥文化"通过现代设计手法，用水系贯穿，植入整个社区空间，装饰性与适用性并存，造景独特且耐人寻味。在大学城这片学院气息浓厚的土地上，因地制宜、准确定位，打造出了富有中国传统文化底蕴的当代时尚小区。

2. 美食

(1) 好的设计从设计师的"厨艺"谈起。 不知道大家有没有听过这个比喻：设计师就像是厨师。对于一个设计师来说，他可能没有太多的空间去追求艺术的享受，也不可能做更多属于自己的发自内心的东西，他必须首先要满足别人的审美或使用需求，就像是厨师必须先要满足用餐客人的口味要求一样。

有一种客人，去小餐馆吃饭，点菜的时候厨师问："您想吃点什么?"客人说："随便，好吃就行。"师傅做好了以后，客人吃了一口，说不好吃。师傅问："您觉得哪不对?"客人说："不知道，就是不好吃。"还有一种客人，他会跑到厨房指挥厨师做菜。有的厨师会发火，有的厨师会照着客人的要求做。如果做出来的菜好吃，客人可能会说："这都是我教他这么做的。"如果做出来的菜不合客人的口味，客人会说："你怎么做菜的? 连这点小菜都做不好!"可能还会有一种客人，来到小餐馆，厨师问想吃什么好吃的? 客人说："就跟御膳房的菜一样就可以了。"

我们作为一名普通的设计师，也时常经历着和这位厨师一样的事情。客户说不好看，而他却始终不告诉设计师他认为的好看是什么样子。客户也有可能会提出很多不切实际的要求，做不到就会责怪设计师能力不行。设计是仁者见仁、智者见智的事情，设计的首要目标在于满足客户生活的基本需要，得到客户认可从而创造价值。因此，设计师跟客户沟通是很重要的，要帮助和引导客户来理解你的作品，满足客户要求的同时，还要说服客户认可你的设计。

做一名优秀的设计师就像做一名优秀的厨师，用心"做菜"，处处为客户周全考虑，口味咸淡做到恰到好处，才能算得上是做出了一道好的"菜肴"！

（2）漫步民俗美食古街。

①洪崖洞。重庆的地形十分戏剧化，重庆的景观设计也同样充满戏剧性，比如位于渝中区的洪崖洞美食街就是一个很典型的例子。这"栋"美食街一面靠山，一面临江。建筑主体是一栋具有老重庆特色的吊脚楼群，由于山城天然的高低落差，隔着江面远远望去，就像一个垂直的迷宫，难怪这里常被人们称作"千与千寻的梦幻城堡"（图 2-33、图 2-34）。每到夜色降临，游客们总是会从四面八方来到千厮门大桥，来到江北嘴，来到洪崖洞头顶或是脚下，为的都是一睹传说中的"梦幻城堡"。

图 2-33　洪崖洞主题雕塑　　　　图 2-34　洪崖洞建筑群

②重庆天地。重庆天地也如同重庆本身一样，高低错落，其新旧碰撞及中西完美融合的特色建筑风格，以及来回穿梭与呼应的公共过渡空间，为游客创造了丰富的空间趣味体验。这个场地结合了点状、组团式、半围合院落式等多种景观布局模式。来客可沿着坡

道和阶梯缓缓而上，穿越建筑群，从阳台眺望远方，再汇集到凉爽遮阳的广场。重庆天地除了拥有抗战历史文化沉淀外，还保留了老重庆的自然地域特征，将古老的山地村落、旧时的工业建筑和青砖石墙、吊脚楼等元素结合在一起；它兼顾了地理环境、景观设计以及人的游览感受，丰富的园林形式体现出人文关怀、生态特征，创造出有代表性的景观设计（图2-35、图2-36）。

图2-35 重庆山水景观的抽象运用

③宽窄巷子。位于四川省成都市青羊区的宽窄巷子，由宽巷子、窄巷子、井巷子平行排列组成，全为青黛砖瓦的仿古四合院落，这里也是成都遗留下来的较成规模的清朝古街道，记录着老成都的院落式休闲文化。在景观设计中，以乡土器物、乡土植物（如皂角、柚树、桂花等）与民居院落街铺相依偎，形成具有浓郁乡情的乡土景观；以砖木、灰石、木构、器皿等多种川西民居构件呈现当地民族历代民俗文化的器物使用美学；以其精微的肌理（如小青瓦、小青砖、小门洞、小门面、小窗棂）和尺度（如小巷、小坑小洼、小台阶、小阶石、小天窗）互相嵌合，组成宽窄巷子肌理景观的渗透美学；以公馆、驿站、老照片酒吧、民国风情酒店等形态构成相关的业态景观（图2-37至图2-39）。宽窄巷子的这些特征造就了宽窄巷子独特的建筑艺术与景观特色。

图2-36　传统吊脚楼与现代建筑的结合　图2-37　宽窄巷子中的乡土景观

图2-38　宽窄巷子中的肌理景观　图2-39　宽窄巷子中的浮雕文化墙

（3）探寻现代创意餐厅。细数重庆的创意餐厅，可谓是各立门派，百家争鸣，其中以"素食养生"为主题的创意餐厅是深受大家喜爱的一类。常去素食餐厅的人，有的是为了信仰，积善得福；有的是为了健康环保的理念；更有的是为了体验餐厅中独特的"佛系"环境。

①随香藏坊素食文化餐厅（图2-40）。"入室原非大嚼人，到门都是清流客。"这是随香藏坊素食文化餐厅老板的迎客词。进坊，你会惊叹，仿佛到了另一个地方，食坊是佛法与素食的结合。不论是墙壁的挂件，还是角落的一花一叶，每一样都透着禅意。在这里不仅可以吃吃素食，禅悟下佛法，还可以了解素食文化，了

解素食养生。这家店的招牌上
写着"素食·茶叙",意味着在
这里除了可以品味素斋以外,还
可以静下心来读书喝茶。这里闹
中取静,素食、书、茶、沉香结
合在一起,将人文情怀发挥得恰
到好处。在浮华中找到片刻安
宁,在钢铁森林中实现人与自然
的和谐共生。

图 2-40　随香藏坊素食文化餐厅大堂

　　②一花一叶素食餐厅(图 2-41)。初进这家餐厅,像是行走
在江南荷花小道上,坐在这里一边吃素一边还能欣赏南滨路的夜
景。店内的装修、装饰、陈设等都与佛相关,并伴有佛教的背景音
乐。手绘的莲花、素雅的屏风、饱含诗意的小灯笼都能让你分分钟
安静下来,室内有佛堂,室外可观江景。在这样的环境中就餐能自
然地享有一种置身事外的心境,格外地轻松愉悦。

　　③人人素养餐厅(图 2-42)。穿过一条窄窄的走廊,门口穿
着汉服的接待员会清清地敲一下锣鼓,然后长长地吆喝一声:"贵
客到!"顿时让来客感觉到了一种被尊贵相待的感觉。餐厅内部古
色古香,主要分为大厅赏园区、包厢用餐区和品茶区。其中古雅的
餐具、精致的素食、淡香适宜的茶汤,尽显禅韵弥漫、精致素雅。

图 2-41　一花一叶素食餐厅户外空间

图 2-42　人人素养餐厅玄关

3. 公园

（1）传统文化公园——重庆鹅岭公园。 2016 年 10 月 20 日，在"公园景观设计"这门课程的教学过程中，我带着学生来到重庆鹅岭公园考察，以下内容是由考察报告整理而来。

①公园区位及城市定位。鹅岭公园位于重庆市渝中区境内，北边边缘是重庆渝中半岛山脊线，西临重庆市国防教育基地。鹅岭公园是重庆最早的私家园林，也是重庆直辖后第一个规范化管理的一级达标公园，AAA 级国家旅游景区，渝中区科普基地（图 2-43、图 2-44）。

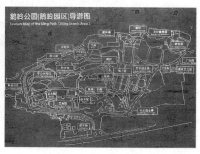

图 2-43　重庆鹅岭公园大门　　　　图 2-44　公园总平面图

②公园历史文脉。鹅岭原名鹅项岭，地处于长江、嘉陵江南北挟持而过的陡峻、狭长的山岭上，形似鹅颈项，故而得名。公园前身为礼园，也称宜园，系清末重庆商会首届会长李耀庭的别墅，1958 年重庆市政府对礼园旧址扩地修缮，新建楼台亭榭，广植林木花草，命名为鹅岭公园。公园整体地形为一面坡的山体，北高南低，海拔 334～380 米，相对高差达 46 米。

③景观元素。

A. 水体。水体是景观设计最有吸引力的元素，它既可以单独作为景观的主体，也可以与环境中的其他因素相结合，形成具有独特风格的作品。

莲池：莲池为鹅岭公园水域面积最大的水体景观，莲池的水质相对较好，池中有水生动物，具有一定的观赏性。市民可在池中钓鱼，不乏怡情的作用（图2-45）。但是缺乏水生植物，可以适当地种植睡莲、荷花等植物增强景观性。

图2-45 莲 池

榕湖：榕湖是鹅岭公园最著名的标志性景点，也是典型的中国传统风格园林景观。榕湖胜在周围环境清幽，但池中缺乏水生植物，缺少了一定的景观性（图2-46）。建议清理湖底的杂生植物，可适当种植荷花、睡莲等水生植物，并增加亲水性的活动平台，吸引游人参加亲水活动。

小鱼池：艺卉园内的小鱼池被绿色植物围绕，若池水为活水就更美了（图2-47）。各种小鱼围在鱼池边，具有一定的观赏性。可鱼池中水不够清澈，缺少人手打理。可待池中水清澈后，养些金鱼。

图2-46 榕 湖

图2-47 鱼 池

总结：鹅岭公园的水体景观形式相较于沙坪公园更加单一，以观赏为主，缺乏游人亲水性活动平台。建议增加水体存在形式，如叠水、喷泉、湿地等；强化水景周边环境所营造的氛围，种植柳树、杉树等岸生植物。

B. 植被。园内植被种类丰富，以苍松翠柏之类为布置基调，路旁植物搭配层次分明，低矮之灌木，高耸之乔木，错落有致，自下而上立体感、层次感十足。但需要注意的是，公园植物缺少人工管理、修护，过于自然生长，导致植物群层次不是很清晰，在一定程度上阻隔了游人的视线。建议充分利用公园现有的植物展示空间进行各种特色植物展示，同时在植物聚集区增加休息座椅，以吸引更多的游人。

C. 构筑物。

桥：莲池上的廊桥，颜色艳丽，成为了这片绿色中的亮点。榕湖上的绳桥两端均为绳索形状，桥栏由石头雕刻而成，古朴典雅，让整个公园充满韵味（图2-48）。

阁：深红色飞阁楼矗立在一片绿色海洋中（图2-49）。抗战时期，蒋介石夫妇在此阁中居住半年；英国大使卡尔也在此居住达5年；澳大利亚大使馆曾设于园中。1949年后的重庆，为西南军区司令部驻地。邓小平、刘伯承、贺龙、李达同志曾先后居住此处。

图2-48 绳 桥　　　　　图2-49 飞 阁

亭：各式各样的景观亭可为游客提供遮风挡雨、驻足观赏的地方（图2-50）。自飞阁楼及右行，可见望江亭。登上望江亭可眺望两江之远景，令人心旷神怡。

廊架：艺卉园内的廊架，虽然上面裂纹清晰可见，但这是岁月留下的痕迹（图2-51）。廊架上多处都用到框景的构景手法，很值得大家学习借鉴。

图2-50 景观亭

图2-51 廊　架

月洞门：沿望江亭之小道，顺其下，忽见一庭院，门呈现拱圆形，古称月洞门（图2-52）。一旁的竹子映衬着精致的圆形拱门，显得贴近自然。

围墙：弧形的围墙增强了人们的视觉感受，突出了公园的个性，显现出公园的特点。墙上的浮雕，造型各不一样，别有一番风味（图2-53）。

图2-52 月洞门

图2-53 浮　雕

D. 道路铺装。公园内的道路铺装，不同的纹路组成不一样的感觉，既体现了公园的特色，又展示了它的艺术魅力。青石板美观、耐久，色彩和形态选择性较大，与卵石搭配有质朴、清新的原始美感。鹅卵石被广泛应用于庭院建筑、铺设路面、公园假山、盆景填充材料、园林艺术等，它既弘扬东方古老的文化，又体现西方古典、优雅，返璞归真的艺术风格。

E. 景观小品。

纪念碑：苏军烈士墓碑高 10米，正面刻有文字，上涂金粉的碑文，诵着祖国动人的诗歌，让肃穆庄严的鹅岭公园更多了一份精气神（图 2-54）。

图 2-54 纪念碑

和平钟：公园的一大特色，具有一定的历史意义（图 2-55）。但由于周围景观布置不足，使用率不是很高。

雕塑：雕塑在古今中外的园林中被大量运用，其作用主要是丰富景观，同时也有引导视线的作用，多数体量小巧（图 2-56）。

图 2-55 和平钟

图 2-56 雕塑"蓝色奏鸣"

景石：景石具有多方面的造景功能，如构成园林的主景或地形骨架，划分和组织园林空间，布置庭院、驳岸、护坡等，还可以与园林建筑、园路和植物组合成富于变化的景致，增添自然生趣（图2-57）。

图2-57　景石与中国的传统书法相结合，是鹅岭公园中的一大亮点

景观凳：景观凳也称园凳，在园林中分布很广，一般与园桌相配，有时也常常独立存在，可以设在道路旁、建筑旁、水体旁、灌丛中、林缘和林中空地（图2-58）。

F. 导视系统。公园导视系统大多为木质结构，贴近自然，切合公园主题。白色的字体颜色使目的地一目了然。

G. 设施设备。园中卫生间、停车场、小卖部等设施，为游客们提供了方便，是园林景观中不可缺少的部分。但由于公园历史悠久，一些设备设施已经出现老化的现象，需要进行改造和维修加固。

图2-58　景观凳

H. 景观尺度。为了了解公园景观设计中关于人体工程学理论的应用情况，同学们对部分景观元素进行了测量（图2-59）。

图2-59 同学们正在进行现场测绘

④公园景观设计优缺点总结。此次调研主要通过实地拍照、测绘与调查问卷的方式进行，通过对以上调研资料的整理与分析，总结出了鹅岭公园景观设计的优缺点：

优点：公园发展历史悠久，属于重庆主城区的景点之一，重庆居民对其熟悉度高；它的整体设计风格统一，以中式园林建筑为主题，整个公园虽小，功能齐全，统一的风格使之更具魅力；公园内部景点具有鲜明的特色，时代代入感强；功能活动项目丰富，儿童游乐、棋牌餐饮、休闲健身等一应俱全；植物配置和空间布局也相当不错，园内植物种类丰富，其在配置上也考虑到三季有花、四季有绿，即所谓"春意早临花争艳，夏季浓荫好乘凉，秋季多变看叶果，冬季苍翠不萧条"的设计原则，可以保证四季都有独特的景观风貌。

缺点：公园入口门廊及环境陈旧，缺乏停车和接待、管理等设施；公园内历史文物、建筑年代久远，没有得到很好的保护，而横亘出现的为数不多的现代气息的建筑实在不利于风格的统一化，略微破坏了整体氛围；园内缺乏足够灵活的场地空间用于日常举办各种文娱活动；东南边的职工住宅存在严重的安全和消防隐患；公园的观景设施陈旧、观景形式单一；功能分区不明确，大部分活动场地交织在一起，没有明确的动静分区；基础设施及游览设施不足，难以满足公园大量的人流需要；景观水体水质下降，甚至水体干涸。在传统公园发展过程中，由于年代久远、院内设施破旧、损坏严重等相关因素的制约，其人文和自然环境的优势无从发挥。加之传统公园综合发展又滞后于城市社会生活的发展，已无法适应和满足城市现代生活的基本要求。

⑤调研学习感悟。希望鹅岭公园继续传承我国的悠久历史，在时间长河中不断发展、改造，成为优秀景区。同学们在学知识的同时，要"学以致用"。将理论与实践相结合，多接触实际的景观，不应停留在纯粹的理论中，尽可能拓展自己的知识面。

（2）抗战主题公园——李子坝抗战遗址公园。 李子坝抗战遗址公园背靠鹅岭，北面嘉陵江，全长 1.8 千米，面积共 12 万米^2，园内的抗战历史文物建筑，集中展示了重庆抗战时期的政治、经济、文化、军事、外交、金融等各个方面的历史风貌，是抗战文化的新符号和新阐释。尽管日本侵华战争带给重庆人民巨大的灾难，但丝毫未减重庆美丽幽静的山城魅力，两江交汇于此，山水之间的繁华与独特，赋予了重庆这座城市更鲜活的生机。

①国民政府军事参议院。国民政府军事参议院旧址是一栋红色的长条形建筑，顺着旁边的层层石梯爬上去，可将周围这组抗战时期国民政府的遗留建筑群尽收眼底。国民政府军事参议院旧址曾经是抗战时期国民政府军事委员会有关军事咨询的最高机构，现为红岩联线影视文化展示中心（图 2-60）。

图 2-60   （原）国民政府军事参议院，（现）红岩联线影视文化展示中心

②高公馆。高公馆修建于1938年，当时称生生花园，由三幢两楼一底的楼房构成，全是砖木结构（图2-61）。外墙是当时流行的燕窝泥，融中国传统和西洋建筑风格于一体，依崖而建，背山面水，梯廊楼阁，错落有致。最左边的这栋楼现在已用作晏济元美术馆。

③交通银行学校/印刷厂。穿过高公馆、国民政府军事参议院建筑群，一处隐蔽的石壁上便是交通银行遗址，类似于防空洞

图2-61 （左）晏济元美术馆 （右）高公馆

的模样，接近曾经的银行重地，使人肃然起敬。该处由银行学校、印刷厂及地下金库组成，现为新浪重庆办公楼（图2-62）。

图2-62 （现）新浪办公楼，（原）交通银行学校/印刷厂

（3）园林主题公园——重庆园博园。 重庆园博园是第八届中国（重庆）国际园林博览会的会址，位于重庆市北部新区鸳鸯镇龙景湖区域，总占地面积3 300亩，其中水体面积800亩，是一个集自

然景观和人文景观为一体的超大型城市公园。园区的主要建筑风格为古典风和传统风，按功能分区，园内共设有入口区、景园区、展园区和生态区四大部分，包含了10大展区，127个展园以及26个景点。下面介绍园博园里几处比较有代表性的景观：

①主入口广场。主入口广场位于主展馆前方，占地面积达32 100米^2，采用巴渝传统风格设计而成，构建了极具巴渝特色的大门牌坊，并且中间有大型的地景印章"重庆"二字。周围有传统图示符号的铺地、整齐的草坪和树阵以及规则的水景，都体现出广场简洁大气和典雅的氛围（图2-63）。

②主展馆。园区主展馆是一座仿明清风格的建筑，共5层，内设有办公室、会议室、展厅、多功能厅等，总高度33米，它是园博园内最重要的标志性建筑和景点。

③龙景湖。在建园之前，龙景湖仅是一个名叫赵家溪的小沟渠，建园时因人工修建大坝，蓄积天然的雨水而形成如今水波粼粼的800亩湖面，贯穿整个园区（图2-64）。从游览地图上看去，整个轮廓像是一只美丽的凤凰。为使各个园区更好地连接起来，共在湖面上修建了7座中国古典石桥。

图2-63　重庆园博园入口
广场及主展馆

图2-64　龙景湖

④荆州园。荆州园以"记忆荆州"为主题，融楚文化、三国文化、水乡文化及历史文化名城风貌于现代园林之中，使其既体现时代气息又充满自然野趣。

⑤淮安园。淮安园以"一品梅"画屏、"荷叶"亭和跌水小溪等元素构建展园，寓意着淮安人民继承周恩来总理遗志，努力创建"廉政和谐、生态安康"新淮安的精神风貌。

⑥比利时安特卫普园。比利时安特卫普园用富有特色的主通道、郁金香亭、镜像、红墙和虎尾兰等元素装点花园，体现了安特卫普花园风格和环境风貌。

4. 教堂 江北福音堂。福音堂位于江北嘴中央公园内，1894年由美国传教士修建，迄今已有上百年历史，是目前重庆最宏伟的哥特式风格教堂。福音堂融合了古典和现代宗教建筑风格，其高耸的尖塔彰显着威严与神圣，精致的花窗玻璃则让它显得更加神秘（图2-65）。几乎每个周末，都会有新人在这里举办婚礼或是拍结婚照，江北福音堂受到众多年轻人的喜爱。

图2-65　鸟瞰江北福音堂

5. 剧院 剧院，其实是一个古老的产业，数千年来缓慢地发展着。在传统概念中，剧院不仅地理位置独立，而且演出的是严肃的艺术，跟普通人的生活娱乐相距甚远。随着经济的快速增长、生活水平的快速提升，文化消费的需求也在快速提升，人们慢慢地又开始关注艺术，特别是现场艺术和舞台魅力。在全国，戏剧院、喜剧剧场、青年剧场、家庭剧场等各具特色的专业剧场纷纷涌现，使得戏剧艺术成为推动艺术市场繁荣发展的重要力量。

（1）重庆大剧院。 重庆大剧院位于重庆市江北区，是集歌剧、戏剧、音乐会演出、文化艺术交流等功能为一体的大型社会文化设施。大剧院建筑外观呈不规则形态，棱角分明，大面积使用翡翠色调的玻璃幕墙系统（图2-66）。夜晚在灯光的照射下，重庆大剧院更像一块晶莹剔透的晶石。

（2）**国泰艺术中心**。国泰艺术中心位于重庆市渝中区解放碑中央商务区核心地带，建筑外形延续了上海世博园内中国馆的特色，体现了浓厚的中国传统建筑中的多重斗拱构件，利用传统构件穿插形式，以现代简洁的手法表达传统建筑的精神内涵（图2-67）。国泰艺术中心主体形似一团燃烧的红色篝火，力图体现中国建筑的视觉冲击力和雕塑感，同时也彰显了重庆人刚烈率直、热情好客的性格特征。

图2-66　重庆大剧院玻璃幕墙外观　　图2-67　国泰艺术中心
　　　　　　　　　　　　　　　　　　　　　　　　多重斗拱构件

（3）**国瑞303艺术剧场**。重庆本土剧社303旗下的国瑞303艺术剧场，按照现代经典小剧场设计，各分剧场空间内只有一两百个座位，每个座位都留有互动空间，不但使观者可以体验戏剧带来的艺术魅力，还打破了大众对戏剧的刻板印象。此外，国瑞303艺术剧场还打造了重庆首个"四面厅"，即四面都有观众席位的演出厅，为话剧爱好者提供了一个交流的平台，给市民带来观剧新体验（图2-68）。

图2-68　国瑞303艺术剧场
　　　　　内的"四面厅"

这样的小剧场设计能区别于大剧场戏剧的中规中矩，让话剧拥有更自由的表演空间、更宽容的观众心态。

6. 展览馆

三峡博物馆。三峡博物馆又名重庆中国博物馆，位于重庆市渝中区，与重庆人民大礼堂正对。作为中国第二个国家级博物馆，三峡博物馆是重庆城市文化的象征。她收藏这座城市的历史文化，展示这座城市的精神与梦想。三峡博物馆主体建筑气势宏伟，顺地势地貌而建，并与山体融为一体，呈现出山水主题的园林景观，舒展平缓变化的体量似从山体中"生长"而成（图2-69、图2-70）。

图2-69　三峡博物馆　　　　图2-70　三峡博物馆团队考察纪念照
　　　　一层大厅

7. 教育与文创

南之山书店·Origin。南之山书店·Origin位于重庆南山之上，是一座山林间的文化生活空间（图2-71）。书店共有4层楼，一楼有公共阅读区、展览区、餐饮区，2~4楼有民宿区和观景露台。与大多位于繁华商业区的书店不同，南之山书店的特色在于读者能在里面一边看书一边赏景。只需一抬头，就能欣赏到门前的郁郁竹林，还能呼吸到南山的新鲜空气。除了读书、赏景、就餐以外，这里还提供了特色住宿。书店目前设有8个房间，分别为电影

书房、音乐艺术书房、建筑设计书房、生活旅行书房、漫画书房、
中外经典文学书房、科幻推理书房、圣乔治书房。每间书房配有与
房间名称对应的书籍，关上门，读者就能在这"私人书房"进行一
次彻底的身心放松。

图 2-71　南之山书店·Origin 实景拍摄

8. 交通建筑

重庆李子坝轻轨站。李子坝轻轨站是重庆轨道交通2号线的一座高架车站，设置于重庆轨道公司物业楼的6～7层，是国内第一座与商住楼共建共存的跨座式单轨高架车站（图2-72）。车站北面临江，背面靠山，因其"空中列车穿楼而过"成为红遍大江南北的"网红车站"。

图2-72 李子坝轻轨站

车站与商住楼同步设计、同步建设、同步投用，车站桥梁与商住楼结构支撑体系分开设置，有效解决两者结构传力及振动问题。李子坝轻轨站的建设，成功实现了城市土地资源的集约利用。

（二）古镇民居

1. 偏岩古镇 偏岩古镇位于重庆市北碚区，因镇北处有一岩壁倾斜高耸，悬空陡峭，故名偏岩古镇。古镇前的河水蜿蜒地围绕着古镇流过，河水浅而清澈，古镇居民保持着在河里洗菜洗衣的习惯。河上共有3座石板桥连接着两岸，分别位于古镇的头、尾和中部，每座石桥边都有一棵古老的黄桷树。

古镇主街两边的房屋建筑没有进行过任何翻修，仍保持着原有的古朴风貌（图2-73）。如若遇上赶集日，古镇上人来人往，一家并着一家的餐馆，一间挨着一间的茶馆，一桌又一桌打麻将的人们，三三两两摆龙门阵的老人，缝衣服的妇人，打铁的青年，理发的小哥，卖些自家特产的老汉……很是热闹（图2-74）。镇上的"一水排骨""小米渣肉"等当地家常菜很有特色。虽经数百年的时代变迁，古镇的街道、建筑、民风仍保留着昔日的古朴风貌，处处透着恬淡之美，颇具小桥流水人家的诗情画意。

图 2-73 偏岩古镇实景拍摄

图2-74　偏岩古镇的市井生活

2. 中山古镇　重
庆江津区中山古镇俗
称三合场，建筑靠水
而建，由龙洞、荒中
坝、高升桥3条小街
连接而成（图2-75）。
古镇的商铺建筑最具
代表性，依山势形成
的商街纵向长1000多

图2-75　中山古镇

米，层层递进，其建筑几乎都是能遮风避雨的封闭式建筑，此设
计，充分考虑到了川东地区雨晴不定的特点。古镇客栈大都沿笋溪
河而建，且为穿斗式木质吊脚楼，下层为铺面，楼上可住人，推窗
即有山色入怀。整座古镇全系青色瓦片盖顶，红漆木板竹篾夹墙，
古朴凝重中透出原汁原味的巴渝人家风韵。

3. **四知堂**　位于重庆双江镇，是杨尚昆同志的故居。1907年8月3日，杨尚昆同志诞生在这座古朴的四合院内。整栋建筑群建于清代同治中期，建筑风格古朴、典雅，具有浓厚的地方特色。故居宅院是目前双江镇众多杨氏民居中保存基本完整、装饰风格最为精美的古建筑群（图2-76）。

图2-76　杨尚昆故居实景拍摄

（三）专业考察

1. 寻梦江南——2017土木学院环境设计专业师生考察之旅 2017年4月末，正是春光明媚时。重庆工程学院土木学院环境设计专业的学生踏上了南下考察之旅（图2-77）。整个行程历时7天，主要对苏州私家园林、苏州博物馆、杭州西湖、西溪湿地、中国美术学院象山校区和良渚文化园等地进行了专业考察，增加了学生对传统文化的理解以及对现代设计手法的认识。

图2-77 考察时师生合影

（1）苏州。

①留园、拙政园、狮子林。在苏州我们主要考察了中国四大名园中的留园、拙政园、狮子林（图2-78）。同学们通过游园，切身感受到中国园林"虽由人作，宛若天开"的独特魅力。

②苏州博物馆（新馆）。苏州博物馆（新馆）提取了徽派建筑白墙黛瓦的独有特点，结合现代设计手法，营造出简洁、雅致的建筑与景观空间。同学们被建筑大师贝聿铭的作品所深深折服（图2-79）。

（2）杭州。除了对杭州几个重要的旅游区进行了考察以外，还

图 2-78　苏州园林实景拍摄

图 2-79　贵体进老师正在给学生讲解苏州博物馆新馆的设计理念

对一些著名的现代建筑进行实地考察与学习。

①中国美术学院象山校区。中国美术学院象山校区是我国唯一一个获得普利兹克建筑奖的建筑师王澍的作品。同学们在中国美术学院里一边考察建筑，一边感受美术学院的艺术气氛（图 2-80）。

图 2-80　中国美术学院象山校区

②中国美院民艺博物馆。这座建筑贯彻了隈研吾的"负建筑"的建筑理念，同时有机地融入了原有的山水。灵动、轻盈的建筑墙面让同学们眼前一亮，纷纷开始仔细观察其施工工艺，并进行了激烈讨论。唯一可惜的是我们去的那天闭馆，没有走进到建筑内部（图2-81）。

图2-81 中国美院民艺博物馆

③良渚文化艺术中心。最后一站是日本著名建筑师安藤忠雄设计的良渚文化艺术中心（图2-82）。运用最朴质的建筑材料，只追求建筑空间的展现，使其建筑回到了最本质的状态，这就是安藤忠雄的设计理念。

图2-82 良渚文化艺术中心

2. 东行杂记——2018土木学院环境设计专业师生考察之旅

东行杂记（一）：

古镇的建筑风貌

2018年6月23日早晨5时，天还未亮，我们便开始了15天的考察日子。我饱览到了很多美丽的景色，领略到了精湛的古徽州工艺，亲身感受到了向往已久的古徽州建筑。除了这些，在这期间我还接触了很多人，见识了很多事物，学会了很多东西。那里没有繁华城市的喧嚣，没有霓虹腐蚀你的眼睛，多了一份安静、清凉的感觉。随着太阳落下，整个村庄安静了下来，你却不忍心打破这种静谧。于是自己一个人坐在了一户人家的院子里，抬着头等星星。无意之间目光落在了旁边的白墙黑瓦上，才从那种氛围中惊醒过来——原来自己早就置身于具有浓郁中国文化的古村落之中。

东行杂记（二）：

在这个有限的地域内，能完整保存如此众多的古民居，在中国乃至世界都是一个奇迹。清晨，薄雾散开，橙黄的太阳升起，这朴实的古村落便渐渐显露出了它的容貌，清爽纯朴，团团圆圆的气氛。地上，那燃烧后留下的草木灰，随着风，拂上我们的脸。

来到西递古镇，夏意正浓，景色真切到即使目不转睛也嫌看不饱。太阳是属于西递的山林的，即使是葱茏茂密地横柯上蔽，枝条交映，也遮不尽这无尽的阳光，到处都是明亮的绿色，一片生机盎然。到了正午时分，阳光便更加有力强劲，火辣辣、一丝丝地泻在土地上。

东行杂记（三）：

徽派建筑经黑白处理后，就如用徽墨做的画一样，呈现着中国古村的秀美。文房四宝也是徽州值得骄傲的地方，在南唐时，除了宣城诸葛笔，其余三样都源于徽州。徽墨糕、毛豆腐等是当地的传统美食；黄山毛峰、祁门红茶、太平猴魁，这些名茶都产于徽州；这里还有小香菇、野生猕猴桃、山核桃等朴实的山中珍品。

东行杂记（四）：

登上屋顶的楼台便可看见西递的全景，河流与山连绵在一起，夕阳西下，构成秋水共长天一色的画面。"山之奇在于石，山之秀在于树，山之灵在于水，山之韵在于鸟，山之神在于云。"

东行杂记（五）：

　　宏村，真是传说中中国画里的乡村？揣着满腹的狐疑，我坐了几个小时的汽车，终于从江西来到这里。下了车，粉墙黛瓦立即映入眼帘，清新的空气扑面而来，背倚青山腹依绿水的徽派民居，在蓝天白云的映衬下，婉如一张巨幅的国画，这里不仅是中国画里最美的乡村，而且就应是中国最美的乡村。

东行杂记（六）：

　　跨过南湖上拱桥，导游开始娓娓道来宏村建筑群的历史沿革，领着我们挨家挨户地串门儿。

东行杂记（七）：

在南湖书院我们仿佛听见学童们"子曰：有朋自远方来不亦乐乎"的朗朗书声，这是宏村的公用建筑之一，是南湖岸边最宏伟的建筑物，书院是框架式结构，采用天井采光，屋内所有柱子采用了有活化石之称的银杏木，一共六进，最后一进奉有孔子像，尤可见古人对教育之重视，对儒家之尊崇。

东行杂记（八）：

出了承志堂，来到村西，一株红杨和一株银杏，两株五百年树龄的古树守护在村头，这里原来是宏村的村口，人爱树，树护人，只要树不倒，宏村的人气也不会散。在宏村的几天，我们住在一个村民家里，女主人做的饭值得回味，人也不错。说到这里，宏村之行就该告一段落了。

3. 宝岛台湾——2019 土木学院环境设计专业教师考察之旅

(1) 一颗太阳——台北 101 大楼内部稳定系统（图 2-83）。

图 2-83　台北 101 大楼外形及内部稳定系统

(2) 一片星空——台北 101 大楼高速电梯（图 2-84）。

图 2-84　台北 101 大楼高速电梯

（3）一个婴儿——台湾当代雕塑艺术"无限生命"（图2-85）。

图2-85　雕塑"无限生命"

（4）一对日月——台湾最大的天然淡水湖日月潭（图2-86）。

图2-86　日月潭

（5）一间寺庙——中台山博物馆禅寺（图2-87）。

图2-87　中台山博物馆禅寺

（6）一条回归线——台湾北回归线海岸地标（图2-88）。

图2-88　台湾北回归线海岸地标

（7）一列小火车——阿里山上的小火车（图 2 - 89）。

图 2 - 89　阿里山上的小火车

（8）其他设计细节（图 2 - 90 至图 2 - 93）。

图 2 - 90　人行天桥下部空间利用　　图 2 - 91　人行天桥承重
　　　　　　　　　　　　　　　　　　　　　柱装饰处理

图 2 - 92　市政井盖纹样　　　　图 2 - 93　市民广场景观凳

三、 写生——指尖思考

写生是艺术专业实践教学的重要环节，古人强调"外师造化，中得心源""读万卷书，行万里路""搜尽奇峰打草稿"等创作观点，这些观点在现代艺术创作中仍然具有重要意义。写生可以陶冶学生的情操，让他们通过艺术感受生活，感受自然。

（一）感知与写生

1. 感知 在中国绘画或设计教学中，从临摹到写生，再到创造，已经是比较成熟的教学步骤，而感知万物的能力是这一切的基础。感知即意识对内外界信息的觉察、感觉、知觉的一系列过程，分为感觉过程和知觉过程。而感知力则是感觉某些肉眼无法直接观察的物体，并能通过感觉描绘出其具体形状或状态的一种能力。例如，可以感觉出遮挡物背后物体的形状、颜色、运动状态等。感知力敏锐的人，对于外界所给予的刺激反应比常人激烈。艺术家、哲学家们的情感之所以丰富，其原因直接来源于他们极度强烈的感知力。虽说，敏锐的感知力大部分来源于先天，但是我们也可通过后天的培养来增强感知力。例如，反复品读美文、反复欣赏音乐、反复对着唯美的图片推敲、反复到风景优美之地探寻并记录下来。久而久之，我们的感知力就会逐渐提升。

2. 写生 写生是指借助感知力，通过绘画的方式记录大自然中的景、物等元素。写生练习常常是艺术家课堂练习的一部分。写生作品除了可当作艺术作品之外，也可作为绘画笔记进一步研究使用。写生对掌握细节和光影变化非常重要，人不可能记住所有这些细节，经常写生对研究色彩学的规律也非常有启发。写生也是开始学习绘画或设计时最重要的基本课程和训练方法，通过写生，能反映出艺术家如何认识与把握世界。眼与手的配合，使理性与情感、现实与理想在绘画作品中获得了完美统一。

（二）写生笔记

1. 桃坪羌寨写生 初次带学生走进桃坪羌寨时，感觉这简直就是一座让人震撼的石头城（图3-1、图3-2）。桃坪羌寨是世界上保存最完整的尚有人居住的碉楼与民居合二为一的建筑群，片石与黄泥砌成的坚固建筑经历了无数的地震后仍完好无损。屹立于村寨中的巨大碉楼，是整个寨子的标志性建筑，雄浑挺拔、棱角突兀、雄伟坚固。片石垒成的几十座房子户户相连，层层叠叠，石头铺陈的街巷串联其中，走入其中就像步入了历史的迷宫，怪不得这里被中外学者誉为"神秘的东方古堡"。

图3-1　羌寨景色

图3-2　写生场景

我们顺着弯曲幽深的巷道走遍全寨每个角落，移步异景，风景如画，不断地刺激着我们绘画的冲动。每天一大早，老师们都分头带着各班学生选好地点，迅速摆开画具，开始细心观察，大胆尝试。慢慢地，大家的写生状态渐入佳境。晚上则是最愉快放松的交流时刻，大家互相分享和点评白天的作品，然后喝茶谈天，其乐无穷（图3-3、图3-4）。

图3-3　围坐在火炉旁谈天说地　　图3-4　临别前夜的篝火晚会

几天的写生时光一晃而过，大家虽很疲惫，但看到各自手上的写生成果，脸上透着满满的成就感。而写生带队老师们的成就感则不仅仅来源于这些写生作品，更多的是源于带领学生对艺术的感知和艺术的语言做了一次全方位的探索，也帮助学生在绘画认识和方法上都得到了提升（图3-5）。相信这期间的各种体会，对学生们绘画和设计道路上的影响是积极且深远的。

图3-5　师生合影

2. 烟雨柳江写生　2018年5月11～17日，我和环境设计系的8位老师带着200多名学生，坐了7个小时的旅游大巴，终于来到了闻名已久的柳江古镇。柳江古镇位于四川省眉山市洪雅县城，始建于南宋十年，距今 800 多年历史。古镇背靠峨眉，花溪河拥镇而过，向北流向美丽富饶的锦绣花溪坝。这里有川西风情的吊脚楼、中西合璧的曾家园，还有悠水码头、古栈道、百年老街、圣母山碑林、睡观音等特色景观。

重力坝是我们的第一站，坝中溪水清浅，水中山影倒映，石间草色青青，时而水鸟嬉戏，一派自然天成景象（图 3-6）。岸边生长着许多巨大的乔木，其中有一株据说已有 200 年树龄的榕树，高达 20 米，枝繁叶茂，镇上居民称之为"镇镇之宝"（图 3-7）。

图 3-6 柳江古镇重力坝风光　　　　图 3-7 百年古榕树

正午时候的古镇，太阳高照，老师带着学生们四处躲太阳写生。古镇的瓦房，土灰色的墙，一片又一片瓦片在木头架子上井井有条地排列着，既不单调又不乏味。木梁横七竖八地排列着，接头处一个个惟妙惟肖的龙头，寓意像龙一样飞翔。木架上刻着精美的图案，令人赏心悦目。柳江下午的时光，休闲、怡人（图 3-8、图 3-9），还有超级美味的冰粉、凉面等古镇特色小吃。

柳江被称作"烟雨柳江"，白天感觉不到这点。到了晚上，小雨淅沥，坐在望江客栈的二楼，在朦胧的灯火中，听雨望江，才仿佛找到了"烟雨柳江"的画意。在江边亭中小憩，别有一番风味。山中雾气，水上朦胧，在这夜色中，柳江古镇的风景更显迷人（图 3-10）。游客们静静地来，悄悄地走。

图 3-8 门前流水

图 3-9 台阶边写生的学生也成了
别人笔下的风景

图 3-10 柳江夜景

　　写生结束时，学生们纷纷表达："这里远离城镇，生活节奏慢，舒适，像极了世外桃源。也许这不是最美的地方，但却让人难以忘怀。"（图 3 - 11）

图 3 - 11　写生班级合照

　　3. 新场古镇写生　2019 年 4 月 27 日上午，雨过天晴，我们带着 200 多名学生来到大邑县的新场古镇写生。蓝天艳阳，青瓦古墙，古镇的民居倒影在水中轻柔地舞动。放眼望去，处处都是景。同学们纷纷选好视角，架好画架，铺上画纸，准备写生。可是，想象中的挥笔如流水，在实际操作中并不那么顺利。有的同学在一开始就感到无从下笔；有的同学在上色时达不到想要的色调；还有的同学干脆放下画笔停滞了。此时老师的现场示范和讲授对于同学来说就很重要了。经过一番现场指导，同学们再次回到自己的画架前，之后的写生感受和效果就大不相同了。古镇也因学生们的到来，增添了一层浓浓的艺术氛围。6 天的写生活动让同学们不仅体会着古镇时光带来的惬意，更深刻地感受到最好的艺术作品一定是来源于生动的生活（图 3 - 12 至图 3 - 14）。

图 3-12　古镇小景 1　　　　　　图 3-13　古镇小景 2

图 3-14　200 多名学生共同绘制 4 条超长画卷，展示古镇风貌和艺术感知

4. 写生作品欣赏 如图 3-15 至图 3-19 所示。

图 3-15　杨玥写生作品 1

图 3-16　杨玥写生作品 2

图 3-17　杨玥写生作品 3

图 3-18 杨玥写生作品 4

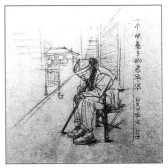

图 3-19 杨玥写生作品 5

（三）设计手绘

1. 设计手绘概念 设计是把一种规划、设想通过视觉的形式传达出来的活动过程，而设计手绘则是对设计师抽象思维的形象化表达。通过手绘表达效果图具有直观、普遍、方便快捷等特点。设计手绘表达是指通过绘画手段表达设计构思和意图。设计手绘是各设计专业领域（建筑设计、园林设计、室内设计、景观设计、数字媒体艺术设计、服装设计、工业设计、视觉传达设计等）的一门必修课，有助于迅速捕捉灵感和创意，方便与客户沟通及推敲方案。

2. 基本技能

（1）徒手画线。 手绘基本功主要指徒手画线的能力，这也是作为一名优秀手绘设计师的基本条件。它可以帮助设计师在短时间内直观地表达自己的设计思路及想法，其灵活性、随时性是电脑制图所不能比拟的。手绘灵活的线条、生动的笔触正是它区别于电脑制图的地方，也是最珍贵所在。

（2）立体形象思维。 从简单的线条到立体形态的转换能培养立体形象思维能力。它是设计理解能力的体现，更是手绘表现的实质——立体形象思维能力的体现。

(3) 构图。构图是指画面内容的安排，对布局、场景气氛、空间效果及表现形式的总体构思。练习设计手绘必须首先学习如何取景以及构图的方法与形式，通过绘制构图小稿的方式进行多种构图尝试。

(4) 表达风格。

①黑白表现。黑白表现是手绘的根本表现形式，根据其表现工具和内容的不同，分别有以下特征：

A. 铅笔：调子细腻，笔触丰富，富于变化。

B. 绘图笔：简洁、快速、肯定。

C. 线描形式：勾线形式的简易风格。

D. 素描形式：侧重于排线的效果。

E. 快速表现：追求简洁、洒脱的画面效果，讲究用笔的速度和力度。

②色彩表现。

A. 彩铅表现：彩铅画面效果浪漫清新、活泼而富于动感，形式感较强。

B. 水彩表现：水彩是带有传统性质的高层次手绘表现形式，适用于细腻的渲染表现，表现节奏较为舒缓。

C. 马克笔表现：作画快速简便，画面效果简洁干脆。

(5) 画面组织与综合分析。能够根据一张平面图画出特定角度的透视图，是设计师必备的能力。在效果图表现时，可灵活机动地适当添加或删减部分内容，以达成理想的表现效果。人物配景在表现透视时是非常灵活的工具，适合用来遮挡难于表现的部分，增加画面细节，塑造场景氛围，以及加强空间透视感等。

3. **设计手绘原创作品欣赏**

(1) 图书馆入口景观快题设计（图3-20）。

(2) 四川美术学院新区文化广场景观快题设计（图3-21）。

(3) 公园一角景观快题设计（图3-22）。

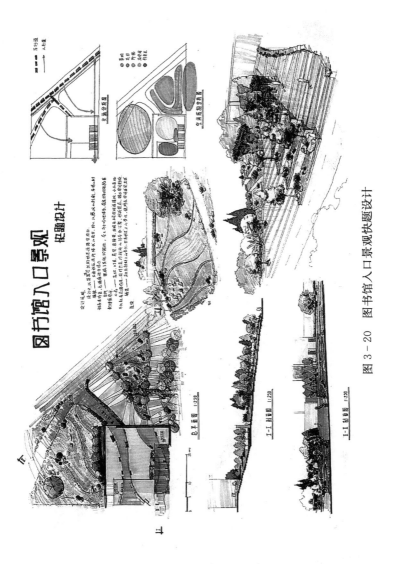

图 3 - 20 图书馆入口景观快题设计

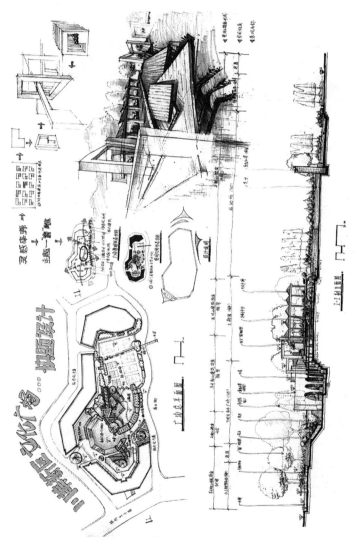

图 3-21 四川美术学院新区文化广场景观快题设计

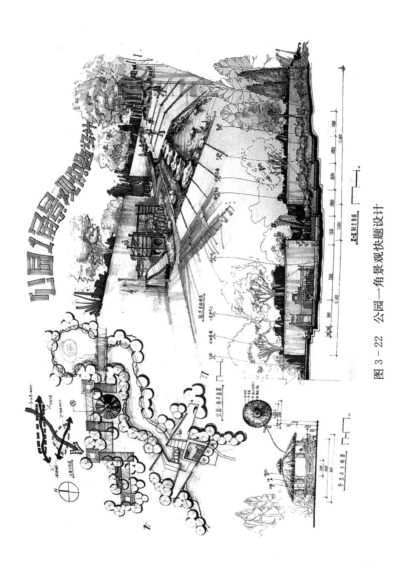

图 3 - 22　公园一角景观快题设计

四、 展示——你中有我， 我中有你

（一） 设计展示

1. 什么是设计展　展览，是指公开陈列美术作品、摄影作品的原件或者复制件。展览既是信息、通信和娱乐的综合，也是唯一的在面对面沟通中充分挖掘五官感觉的营销媒介。随着现代科技尤其是信息技术的发展，展览的组织手段和表现形式都在不断地发生着变化，包括但不限于展览会、博览会、展销会、博览展销会、展览交流会、展示会、展评会、庙会、集市等。

而作为设计师或相关领域的人群，最常接触的展览方式则是设计展。设计展是指由某单位和组织指导主办，另一些单位和组织承担整个展览期间的运行，通过宣传或广告的形式邀请或提供给设计相关人群和广大市民来参观、欣赏、交流的一个聚会。

2. 为什么要观展　目前，全国许多展览馆已纷纷进入免费开放名录，这一举措大大降低了人们印象中"高大上"的文化设施门槛，拉近了艺术场馆与大众的距离，让艺术与设计真正地进入到人们的生活中。那么为什么会有这样的变化呢？鼓励观展对于人们的意义又是什么呢？

设计展览是文化艺术事业进步和发展的动力，除了能给普通观众以美的享受，更是为设计爱好者提供了一个交流的平台。观众进入艺术场馆内，既可以丰富其业余生活，又可以接受艺术的熏陶。这些文化艺术品在给人以美的享受的同时，也宣扬着文化艺术的精神。不要担心有些艺术品观众暂时看不懂，要相信在长期的艺术熏陶下，人们对美的欣赏能力会有所提升。对于大多数没有专业背景的普通人而言，看一次展览，可以了解一些艺术、设计、历史和文脉，那就是一种文化熏陶，其中的精神意义是潜移默化的。而对于一名专业的设计师而言，观展也是一个设计品评、鉴赏和反思的过程，这对设计师们的日常创作和学习有着很大的帮助。

设计展的存在就是为大众提供了一个能近距离地在设计中感悟生活、领略艺术的平台。不是每一个人都必须要成为设计师，但观看好的展览无疑可以在无形之中升华人们的思想，让人们更好地生活、更好地创作。

3. 如何观展　近年来，设计展越办越多，各种类型的设计展出现在大众的生活中。但很大一部分人只是去看个热闹，或者只是为了借着展览拍照炫耀一番，没有真正地理解艺术展存在的意义。所谓"外行看热闹，内行看门道"，那么我们应该如何观展呢？

在这个问题上，首先要明确观展的心态及目的。在面对如此多的展览选择时，要找到自己感兴趣的点或专业，既然选择了自己感兴趣的展览并且来到了展览现场，那一定是对展览抱有一定的期待，尽量不要走马观花地拍"到此一游"照。在欣赏一件设计作品时，不妨围绕着作品走一圈，试着去思考它有什么具体的功能、是由什么材料制作的、作品如何与这个空间相互呼应、作品造型的寓意和作品本身想表达些什么。试着以不同角度、方式来品味作品背后的含义。如果遇到某个感兴趣的作品，不妨记下作品的名称及信息，以便日后更好地对作者和其作品进行深入了解。

可能有人会说有些设计真的是一点都看不懂，在这里给大家总结两点：第一，要有一颗包容的心。毕竟设计的历史久远，而且发展步伐也越来越快，设计的发展有的时候就是要让你感受到一种新的可能。看一件你从没有见过的作品，不要马上下结论，可以先了解一下设计师的设计思路、艺术脉络，然后再看他的作品，你会有新的体验。第二，要有一颗自疑的心。你不喜欢不等于不好，问题可能是出在自己身上。今天的设计产品多种多样，它们的出现基于不同的个体经验，基于不同的学术脉络，因此不要轻易否定一件作品。不断对比不同的设计作品，不断积累设计艺术的知识，你便会发现每一件作品的独特之处。

4. 观展笔记

（1）"印象莫奈"数字展。"印象莫奈：时光映迹艺术展"是于莫奈逝世90周年之际，利用数字成像技术展现400多幅莫奈珍贵名作，被誉为"一座流动的莫奈博物馆"。重庆站展馆分为8大主题馆，分别为"传奇的开始""灵魂的觉醒""印象的故事""秘密的花园""莫奈的光""爱情的进行曲""自然的馈赠"和"信仰的祷告"。我们通过"印象莫奈：时光映迹艺术展"可以了解莫奈从绘画生涯起步，到结识美术巨匠们和人生伴侣卡米勒的过程，鉴赏莫奈不同时期创作的画风各异的系列作品（图4-1）。

图4-1　莫奈数字展实景拍摄

（2）四川美术学院"开放的六月"毕业展。四川美术学院毕业展"开放的六月"，已延续多年，每年均在罗中立美术馆、虎溪公社、教学楼等多处展出，其意义已经不只是四川美术学院学子的毕业汇报，而是演变成一段属于每个人的艺术朝圣之旅。一团头发绕出来的画作、一面贴满稀奇古怪瓷盘的墙壁、一堆被线拉着在风中凌乱的纸条……在四川美术学院一年一度的以"开放的六月"为主题的毕业展览上，各类光怪陆离而又富有创意的作品比比皆是（图 4-2）。这些作品是四川美术学院学生对 4 年学业的交代之作，也夹杂着年轻艺术家们对艺术的思考。

图 4-2　2007—2017 年四川美术学院毕业展"开放的六月"部分作品

（3）重庆工程学院"羌情苗韵"写生展。2018 年 12 月 20 日，重庆工程学院数字艺术学院（原游戏动画学院）举办了"羌情苗韵"2016 级学生写生展。此次展览的作品是动画学院 2016 级学生到四川桃坪羌寨与西江千户苗寨两个地方进行外出写生的作品。画展遴选了优秀写生作品 700 余幅在校园亮相，涵盖了素描、色彩、油画以及速写等多种类型（图 4-3）。通过学生作品展示提供互相借鉴、学习、提高的平台，内容形式多样，彰显着独有的审美特色。

图 4-3 "羌情苗韵"写生展开幕仪式

（二）展示设计

1. **什么是展示设计**　展示（空间）设计需要具有造型、空间、色彩、多媒体、声光电等元素综合运用能力的设计人，主要是设计师以展示形象的方式传达信息。展示设计是艺术设计领域中具有复合性质的设计形式之一。在客观上，它由概念引申动作，实际融合了二维、三维、四维等设计因素；在主观上，它是信息及其特定时空关系的规划和实施。展示空间主要涉及美术馆、博物馆、画廊、展厅、样板间、公共空间里的展示陈列区等用以展示和推广产品或者服务的场所。

2. **案例一：　展厅空间设计**

（1）展示内容。 以手机为主要载体展示 5G 技术。在经历了模拟数字移动电话、第二代数字通信技术之后，终于迎来了一个全新的时代，这就是具有更大数据流量、更好通话音质的 5G 手机时代，在我国其标准简称为 TD-SCDMA。最直观的应用感受便是可以支持清晰的视频通话，高速上网收发多媒体信息，信号更好、音质更清晰。

产品标语：5G 引领时尚先锋、5G AWAY FROM THE SUN。

84

（2）**设计理念**。展示设计需要满足人在物质和精神上的双重需求，力求达到使人们从对 5G 技术由一知半解到深入了解再到迫切需求的效果。对空间进行分析，规划舒适和谐的展示环境、声色俱全的展示效果、信息丰富的展示内容等，将空间最大化利用，使其美观大方。

（3）**设计原则**。

①采用动态的、序列化的、有节奏的空间展示形式。

②以最有效的空间位置展示展品。

③保证展示环境的辅助空间和整个空间的安全性。

④在空间设计中考虑人的因素，使空间更好地服务于人。

⑤在规划时注意 4 个方面的问题：

A. 必须方便进出；B. 有足够的面积；C. 应该有足够的空间让人们谈话而不影响其他人；D. 应当有提供休息、饮水的空间。

（4）**设计构思**。采用围中有透、透中有围、围透划分空间的处理方法，使人在进入展示空间之后，沿隔断布置所形成的参观路线不断前进。在行进中，可以从不同的角度看到几个层次的空间；采用灵巧的划分空间的手法，使有限的空间变成无限，无限的空间中包含着有限，以不断变化着的空间导向，使整个空间的展示形式流畅、有节奏。在满足功能的同时，让人感受到空间变化的魅力。

营造高科技氛围：我们知道一个展示空间的整体氛围包含橱窗装饰、货品陈列摆放、光源、色彩搭配、POP（店前广告）等，这些是构成一个好的品牌展示氛围的关键要素。例如，5G 技术本身不是一个触摸得到的实体，但我们可以利用形象提炼手法、造型艺术和灯光让其活起来，借助手机和多媒体两大载体与外界产生互动，参观者通过逼真的画面和声音，能看到跳跃和动感的冲浪板，还有鲜艳的海滨色彩，能看到开心玩耍的孩子、整理家务的妻子，还有一对悠闲自得的老人……这种展示生动而有趣地给参观者提供一个身临其境的联想空间。

（5）方案展示。如图 4 - 4 至图 4 - 8 所示。

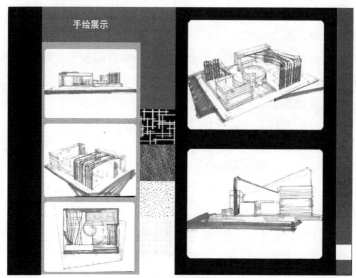

图 4 - 4　手绘展示

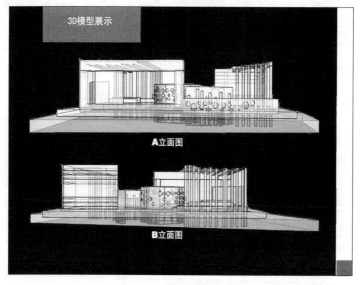

图 4 - 5　3D 模型展示（一）

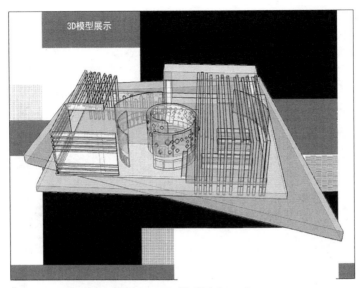

图 4-6　3D 模型展示（二）

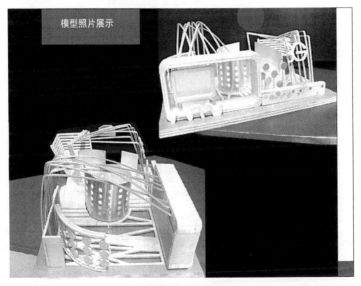

图 4-7　模型照片展示（一）

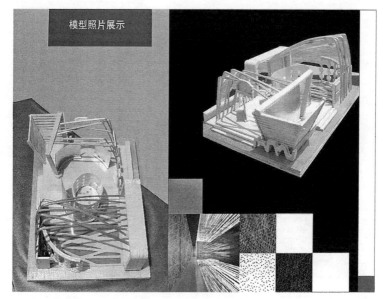

图 4-8　模型照片展示（二）

3. **案例二： 展示Ⅵ设计**　重庆工程学院第二届写生展Ⅵ（视觉识别）设计。"遇见六月"——土木工程与建筑学院第二届学生写生优秀作品展，展出土木工程与建筑学院近 200 名同学的绘画作品、摄影作品（图 4-9、图 4-10）。

图 4-9　展览宣传桁架设计

图 4 - 10　展览开幕式现场

4. **展示设计心得**　展示设计需要满足人在物质和精神上的双重需求，这是在进行展示空间设计分析时的基本依据。这就需要设计师仔细地分析参观者的活动行为，并在设计中以科学的态度对人机工程学给以充分的重视，使空间内各部分的比例尺度与人们在空间中的行动、感知方式协调。一个充满人性化的展示空间才是一个合情合理的设计。

五、 笃行——知行合一

笃行是为学的最后阶段，就是既然学有所得，就要努力履行所学，使所学最终有所落实，做到知行合一。"笃"有忠贞不渝、踏踏实实、一心一意、坚持不懈之意。只有有明确目标、坚定意志的人，才能真正做到笃行。这里将我在设计历练过程中的一部分作品梳理出来，并反思总结其中的优缺点。

（一）景观设计

1. 商业街景观设计——巴郡·水游商城

（1）项目背景。 李渡新区是涪陵现代化大城市建设的主战场，是建设重庆江南万亿工业走廊核心区的重要阵地——建成涪陵的现代化产业基地，对外开放的前沿重地，最具活力的经济增长极，富有山水园林特色的现代化城区。李渡新城商圈将依托李渡工业园区，建成适应李渡特色工业园区生产需要和城镇居民消费需求的特色商圈。

（2）设计概念。

①主题概念：巴郡·水游商城。

②概念来源：

A. 巴郡：巴渝大地。"巴"是指涪陵，巴国故都。

B. 水游：乌江与长江，两江交汇于涪陵，水游涪陵。

③地域文化植入：山水文化、街坊文化、石鱼文化。

④关键词：文脉、活力、山水、特色。

⑤设计目标：

A. 打造具有地域脉络的文化品牌；

B. 打造具有山水景致的购物环境；

C. 打造具有新城特色的人性空间；

D. 打造具有创意活力的商业氛围。

(3) 设计分析。

景观结构：一轴（水）、三街、六巷、九院（图5-1、图5-2）。

(4) 方案展示（部分）。

①三街——街道建筑风格统一中有变化（图5-3至图5-5）。

②六巷——在地面与建筑之间自由穿梭的立体巷。分别为入口巷1、入口巷2、环水巷、穿水巷、临水巷、躲水巷（图5-6至图5-10）。

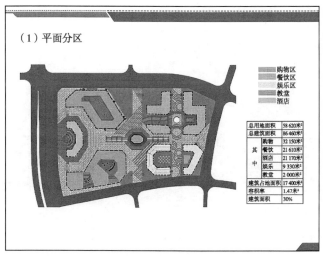

图5-1 平面分区图

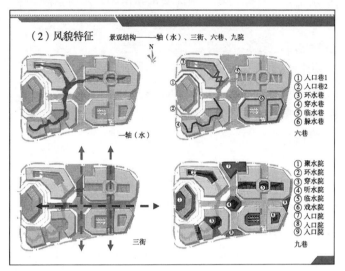

图 5-2　风貌特征分析图

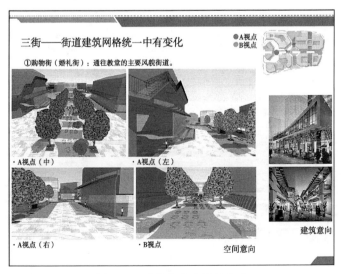

图 5-3　购物街方案设计文本

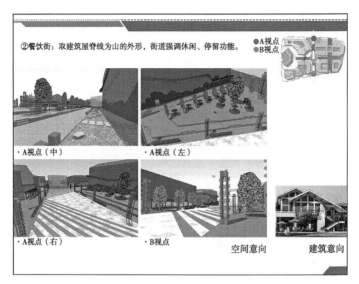

图5-4 餐饮街方案设计文本

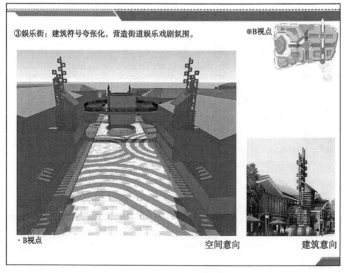

图5-5 娱乐街方案设计文本

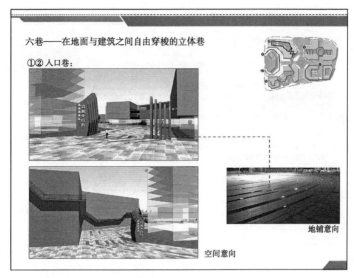

图 5-6　入口巷 1、入口巷 2 方案设计文本

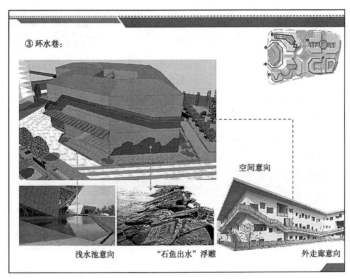

图 5-7　环水巷方案设计文本

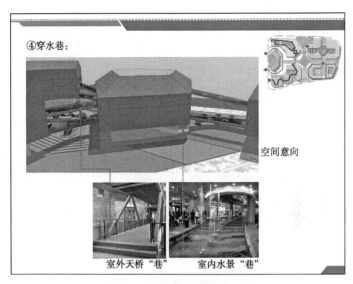

图 5-8 穿水巷方案设计文本

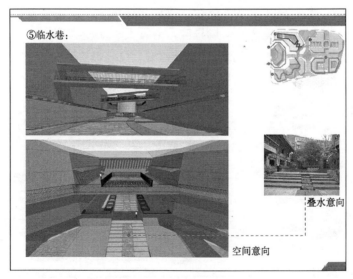

图 5-9 临水巷方案设计文本

图5-10　躲水巷方案设计文本

2. 公园景观设计——北碚健身公园

（1）项目背景。此项目是依托北碚缙云山优越的自然、文化条件做的一个公园景观概念设计。项目选址位于北碚新缙云山脉之上，北临北温泉及缙云山风景区，南靠大学城科技园区，景色宜人，植物资源丰富，特别适宜健康体验、休身养心等活动。

（2）健身公园节点分析图（图5-11）。

眺望——利用缙云山得天独厚的自然景观，在场地中贯穿各种眺望平台的设计，鉴赏整个建筑景观。

图5-11　健身公园节点分析图

(3) 健身公园节点剖立面图（图 5 - 12）。

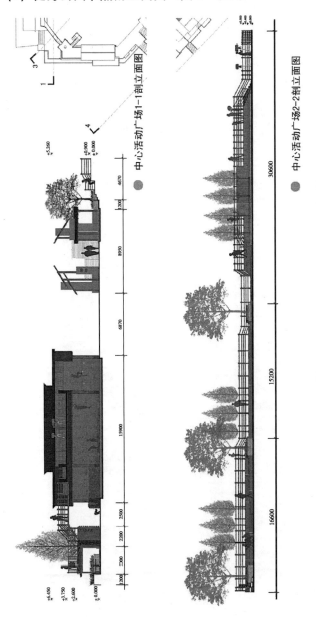

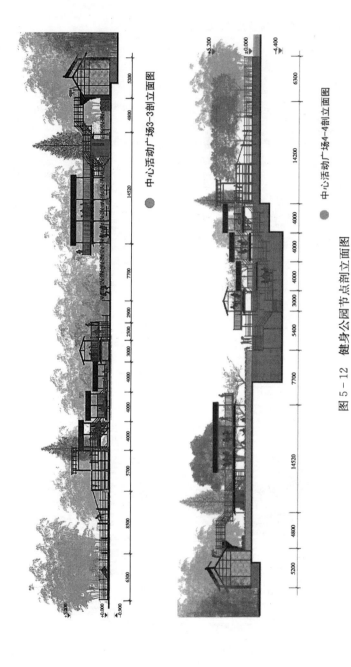

中心活动广场3-3剖立面图

中心活动广场4-4剖立面图

图5-12 健身公园节点剖立面图

（4）健身平台节点效果图（图 5 - 13）。

● 茶饮棋牌区效果图

● 广场入口效果图

图 5 - 13　健身平台节点效果图

3. 工业园景观设计——德感工业园

（1）项目介绍。德感工业园成立于 2002 年，位于江津主城德感片区，是重庆市政府首批批准设立并经国家发展和改革委员会确认的省级开发区。以下展示的为此工业园区的风貌改造设计。

（2）设计思路。

①文化沉淀：德行天下，感恩于民。从传承地域性资源出发，重塑园区"德"文化的意义。

②业态配套：5个子园支撑——装备制造园、汽车制造园、粮油食品园、现代物流园、生活服务园。五园构想为"当代之门"，展现园区朝气蓬勃的业态，园区人在"德"文化感召下同心同德，携手共赢。

③创意定位：因地制宜，突显特色，创意内敛，提挡升级；彰显地域文脉特色、工业文明特色、人文关怀特色。

④空间形态：一点、一轴、一中心、五园（图5-14）。

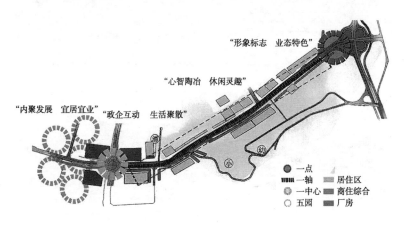

图5-14 平面规划图

（3）竣工实景。

一期大门入口："一点"——把德感工业园比作一个守德的大家园，以德门为主题再现有德之家的家族文化，既顺应了德感工业园宜居宜业的发展方向，又表达了政府与企业携手共赢的感恩之心（图5-15、图5-16）。

一期管委会前转盘："一中心"——转盘中心装置分别以5个产业类别为对象，表现园内圆融中实现共赢的态势（图5-17）。

图 5-15　一期大门入口

图 5-16　大门细节

图 5-17　一期管委会前转盘

4. 陵园景观设计——龙潭莲界生态陵园

(1) 项目概况。

①项目条件。

A. 区域位置。项目位于重庆市合川区草街镇的白马山。草街镇是合川与重庆主城区的承接点,是重庆市重点扶持的中心镇,是二环时代的小镇样本。草街镇区位优势明显,渝武高速公路在草街街道辖区内有两个出口,盐三路、盐草路和川东公路贯穿全境,距重庆主城区 22 千米,紧邻合川城区。

B. 交通条件与周边资源。

交通条件:离主城 22 千米,沿渝武高速一路向北,大约 30 分钟车程。草街镇到项目基地的道路老化,无交通导视。

景观资源:缙云山、嘉陵江。

地形资源:四面环山,为三条山脉交汇点。

水域资源:白马河、龙潭河。

C. 地形分析。基地为丘陵地形,山顶形状浑圆,谷宽岭低,斜面较缓,最大高差为 199.4 米。设计范围内最高点为 497.5 米;设计范围内最低点为 298.1 米;设计范围内最大落差为 199.4 米(图 5-18)。

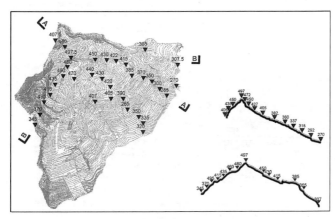

图 5-18 地形竖向分析图

D. 自然环境分析（图 5 - 19）。

➤ **植被分析：** 野生地被植物较茂盛，可供利用的乔木与灌木稀少。

➤ **土质分析：** 土质较松软，在后期设计中应着重考虑滑坡的处理。

➤ **气候分析：** 白马山地处郊外，所以完全感受不到重庆夏季的闷热特征，夏季明显比市区低2~3℃，年平均气温为18.50℃，白马山与云篆山也是重庆市民避暑圣地。

❖ 分析结论

劣势： 见山不易见水、土质疏松易滑坡、现有植被可利用性不高、入口导视不明显、无特色文化及旅游资源。

优势： 两河塑造文化，坐北朝南适合墓地风水，山地地形易排水。

图 5 - 19 自然环境

②地域文化分析（图 5 - 20）。

➤ **已有文化资源：**

传说故事——白马山，相传昔有丁公骑白马到此山升仙，白马化为山峰，故名白马山，取其秀美飘逸之意。
祭祀文化——祭祀是国人生活的重要内容，祭祀文化是中华文化的重要组成部分。国人通过祭祀活动，追忆先祖，传承考源，涵养德性，在对生命表示敬畏的同时，表达感恩之情，抒发弘道扬善之志。

➤ **潜在文化资源：**

景观资源： 缙云山、嘉陵江——远眺。
地形资源： 四面环山、三条山脉交汇点——画龙点睛。
风向条件： 历年风向数据显示静风的频率最多，占全年36%~50%，东北风占60%左右——藏风聚气。
水域资源： 白马河、龙潭河——龙马出海图。

❖ 分析结论 ——借助本地潜在文化资源，因地制宜创建龙潭山特色陵园文化。

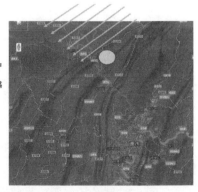

图 5 - 20 地域文化分析图

③可行性分析。人口老龄化是 20 世纪末以来世界范围内的重大社会问题，也是我国社会、经济发展中带有全局性、战略性的问题。重庆作为我国最年轻的直辖市，重庆人口老龄化程度居于全国前列，而且相关政策规定城镇居民不允许土葬，甚至有些农村都不

允许土葬，因此重庆对公墓的需求也日趋增多（图 5-21）。

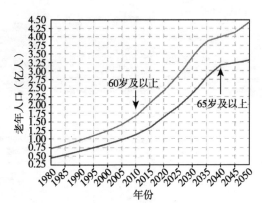

图 5-21　中国历年老年人口

（2）设计理念。

①现代陵园设计概况。现代陵园规划设计立足于建文化陵园、创陵园文化，顺应时代的发展，赋予陵园以新的属性——公益性、文化性、艺术性、地域性、纪念性，形成现代陵园的新概念。

重庆公墓印象——宣传图片与现实差距太大；导视系统不够清晰；传统的墓区、墓碑给人阴森、恐怖的公墓形象；缺乏专业的规划设计。

借鉴——因地制宜，巧于因借。

借鉴上海福寿园及重庆各陵园的建园经验，顺应时代的发展，赋予陵园公益性、文化性、纪念性、经济性。

创新——建文化陵园、创陵园文化。

充分利用本案资源，发扬文化优势，打造专属于白马山的个性化公园式陵园。将传统陵园阴森恐怖的消极印象，转为构建安逸祥和的积极氛围。将陵园建成一座有深厚文化积淀、有浓郁的艺术氛围、有特色的绿色生态公园及精神文明基地。

②设计目标。

园区形象：新精神文明基地——公益性、文化性、艺术性、纪念性、经济性。

基调氛围：自然生态，文化艺术，祥和安逸。

景观样式：公园式，新古典风格。

③设计原则。陵园公园化的原则——摒弃阴森恐怖氛围，赋予祥和宁静特点。故人置身于公园中，后人踏和风迎煦日来缅怀（墓碑的摆放、蜿蜒的园道、绿化掩映下的园林小品、悠扬的音乐、飞鸟游鱼。）

山水环绕的原则——借助重庆独特的山地陵园地形，自上而下开渠引流，以1～4条中央水渠贯穿于基地之中，汇集在东南西北4个方位形成不同造型的水面，结合山体在相应岸边设计微地形，增强景观层次。

新古典风格的原则——园区以新古典主义风格为主，用现代的设计手法构筑传统文化中的亭、廊、桥等景观元素，给人们一种亲切却又耳目一新的感觉。

风水学的设计原则——园区内的道路分主干道、次干道和三级道。除了4条景观大道采用直线形的道路外，原则上按风水学"曲则顺、直则冲"的原理，将道路曲线化设计。

以人为本的设计原则——考虑到来客扫墓、祭扫的需求，在布局上、绿化上、人员流向和车辆流向等各方面做充分的考虑。

可持续发展的原则——先开发地区位置相对较普通的东区，再将拥有地理优势的较好区域进行开发，这样需要在设计中遵循可持续发展的原则，在前期整座山体规划时也要将一期地块纳入详细考虑范围。

④文化脉络。

A. 一级脉络：风水文化（图5-22）。

B. 二级脉络：山泉文化。

大降山泉：得天独厚的地形资源使白马山成为一座"藏风得水"的风水宝地，此时若再在山体景观设计中融入山泉文化，使好

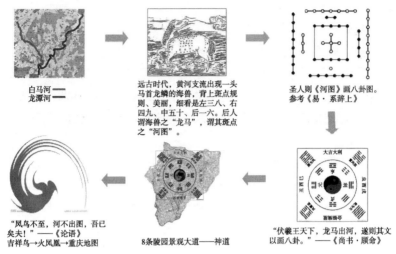

白马河 ▬▬
龙潭河 ▬▬

远古时代，黄河支流出现一头马首龙鳞的海兽，背上斑点规则、美丽，细看是左三八、右四九、中五十、后一六。后人谓海兽之"龙马"，谓其斑点之"河图"。

圣人则《河图》画八卦图。参考《易·系辞上》

"凤鸟不至，河不出图，吾已矣夫！"——《论语》
吉祥鸟→火凤凰→重庆地图

8条陵园景观大道——神道

"伏羲王天下，龙马出河，遂则其文以画八卦。"——《尚书·顾命》

图 5-22　风水文化脉络分析图

风水在视觉上更为凸显，则是锦上添花。同时，在现代景观设计中，水体的运用也是丰富空间层次、增加其灵动性的绝佳方法。

C. 三级脉络：纪念文化。

名人纪念区：将人文纪念功能与陵园传统文化有机结合，既为广大市民提供一个祭扫先人、寄托亲情、弘扬中华传统孝道文化的一个文明场所，又达到为市民提供游览休闲、欣赏文化艺术、接受教育的目的。两大功能的有机结合，既为社会提供精神文化效应，又能产生较好的经济效益，从而形成良性循环，为企业的长期持续发展奠定坚实基础（墓区范围之外，人气增加）。

艺术墓区：艺术墓区是一座座纪念墓碑，又是一尊尊高品位的艺术品，给后人以舒心的视觉感受。人生命结束后，用艺术形式表现自己，不同的人生，用各自喜爱的艺术形式展现丰富多彩的艺术墓区景观，艺术墓区是集祭扫、纪念、游览、瞻仰于一体的园林。用园林手法表现、设置墓位比较随意、活泼，自然展现为一座特殊的公园（活跃气氛）。

（3）景观规划。

1. 景观总规划图（图 5 - 23）

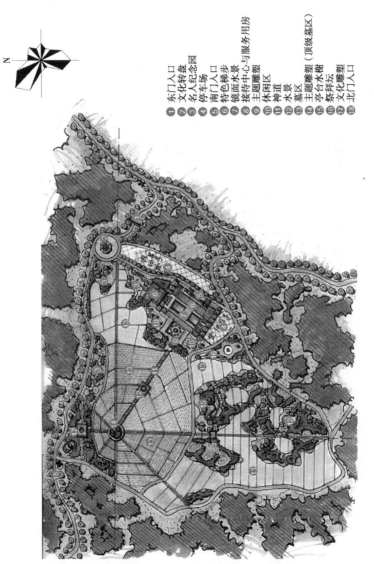

① 东门入口
② 文化转盘
③ 名人纪念园
④ 停车场
⑤ 南门入口
⑥ 特色梯步
⑦ 镜面水景
⑧ 接待中心与服务用房
⑨ 主题雕塑
⑩ 休闲区
⑪ 神道
⑫ 墓区
⑬ 主题雕塑（顶级墓区）
⑭ 亭台水榭
⑮ 祭拜坛
⑯ 水景
⑰ 文化雕塑
⑱ 北门入口

图 5 - 23　景观规划总图

2. 功能分区图（图5-24）

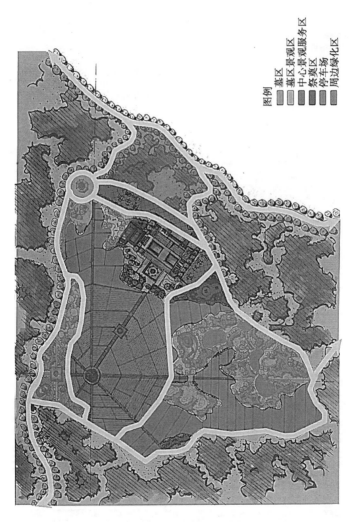

图5-24 功能分区图

图例 墓区 墓区景观区 中心景观服务区 祭奠区 停车场 周边绿化区

3. 景观结构分析图（图 5 - 25）

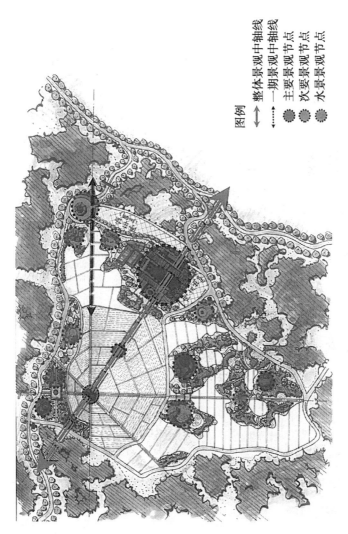

图例

整体景观中轴线
一期景观中轴线
主要景观节点
次要景观节点
水景景观节点

图 5 - 25　景观结构分析图

設计自觉 环境设计师养成手册

4. 交通流线分析图（图 5 - 26）

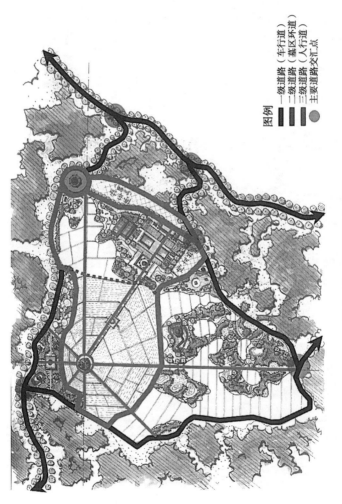

图 5 - 26　交通流线分析图

图例
一级道路（车行道）
二级道路（墓区环道）
三级道路（人行道）
主要道路交汇点

110

5. 风水分析图（图 5 - 27）

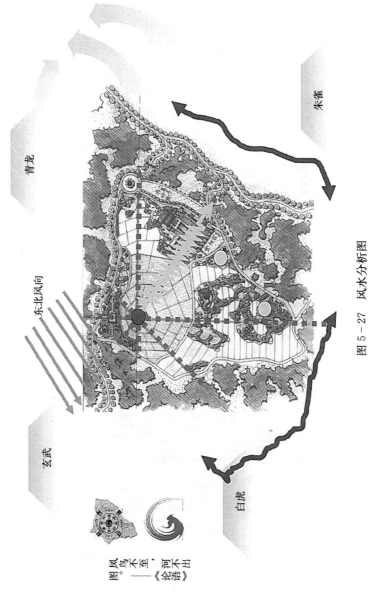

图 5 - 27　风水分析图

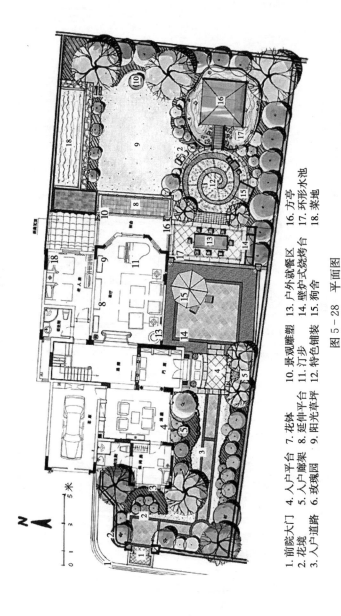

图 5-28 平面图

1. 前院大门　4. 入户平台　7. 花钵　　10. 景观雕塑　13. 户外就餐区　16. 方亭
2. 花境　　　5. 入户廊架　8. 延伸平台　11. 汀步　　　14. 壁炉式烧烤台　17. 环形水池
3. 入户道路　6. 玫瑰园　　9. 阳光草坪　12. 特色铺装　15. 狗舍　　　　18. 菜地

5. **庭院景观设计——私家别墅庭院**

(1) 平面设计图。如图 5-28 所示。

(2) 空间效果图。如图 5-29 所示。

图 5-29 空间效果图

（二）室内设计

1. 酒店空间设计——海洋主题酒店

(1) 项目分析。

①市场调研。商业酒店未来发展趋势：独创性、人性化、加速全球化、可持续发展。

调研总结：单纯的商务性质酒店在充分满足硬件功能的同时，

横向比较

国际范围内 →阿联酋迪拜酒店

酒店特色：国王般的奢华，童话般的梦幻，且俗且雅的金碧辉煌。
消费人群：以高收入人群为主。

国内范围内 →新疆国际野马商务会馆

特色：引用古代"丝绸之路"文化的概念，家具材质和室内风格略带少
数民族的元素。
不足：文化呈现与室内装饰联系不强，功能普遍模式化。
消费人群：中高档商务人士。

重庆范围内 →重庆喜百年酒店

特色：简约，蝴蝶符号的简单运用与贯穿。
不足：存在普遍性，缺乏独创性。
消费人群：白领阶层。

普遍忽略了人们的心理需求，日益增大的竞争压力下，商务人士对安全感的隐性心理需求也日益增大，出现了新的市场缺口。

②设计定位及价值。

A. 酒店定位：主题商务功能酒店。

B. 服务对象：以高压力商务人群为主，以旅游度假人群为辅。

C. 主题定位优势：在高压的社会形势下，把减轻竞争压力、缓解情绪波动、填补安全感的心理缺口考虑在内。

D. 设计价值：具备商务酒店功能的主题酒店；开拓新型心理需求市场；树立先驱性品牌形象，引导市场，获取经济价值。

E. 战略战术：以海洋的温柔性、包容性等作为酒店主题文化，用这种方式进行心理安慰，让顾客得到全身心的放松与享受。

(2) 设计构思。

①设计理念及来源。

A. 理念切入点：以商务人士目前的生活状态为基点，并充分考虑他们的需求。引入设计理念：提供并满足人性关怀。

B. 设计理念："水中世界"。在灿烂美好的海洋中，也存在严酷激烈的生存竞争，就如同光鲜亮丽的"成功商务人士"，有时生活在我们看不见的汹涌暗流中。为了突破传统商务酒店过于正式的概念，我们提出了主要满足客人心理需要的观点，打造一座安宁、平静的"水中世界"，将海洋文化和进化论作为酒店的精神指引。一方面，客人置身于酒店中，体验现代海洋风格与传统海洋文化之间的撞击，感受着生物从原始进化到现在的一种历史，产生心灵的共鸣和震撼；另一方面，海洋博爱、无私、宽容的特性以酒店实体的形式传递给人们，倡导一种"关爱海洋母亲，保护生态，持续未来的发展"的精神。

C. 灵感来源：满足人性关怀、宽容性、温柔性、海洋文化。

②设计手段。

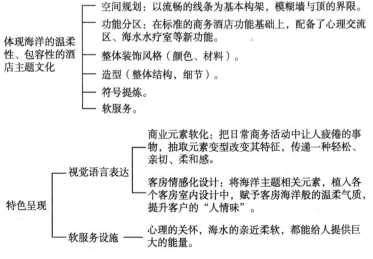

(3) 设计方案（部分）。

①平面泡泡图（图 5-30）。

设计自觉 环境设计师养成手册

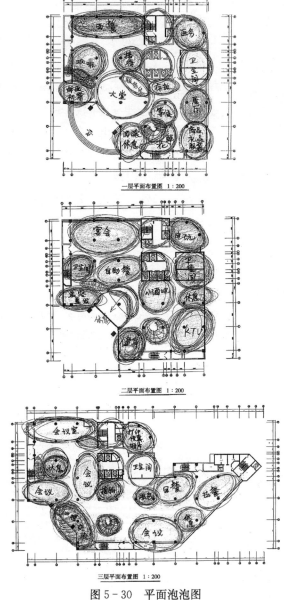

图 5-30 平面泡泡图

116

②平面布置图（图 5 - 31 至图 5 - 34）。

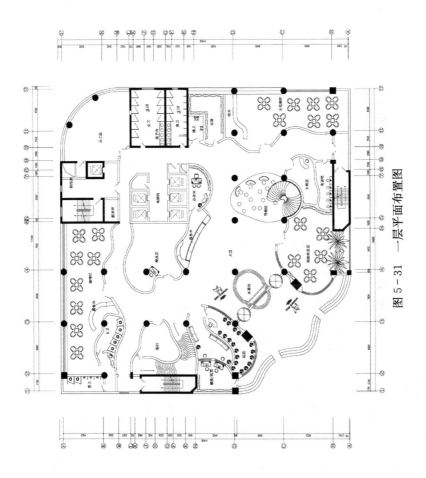

图 5 - 31　一层平面布置图

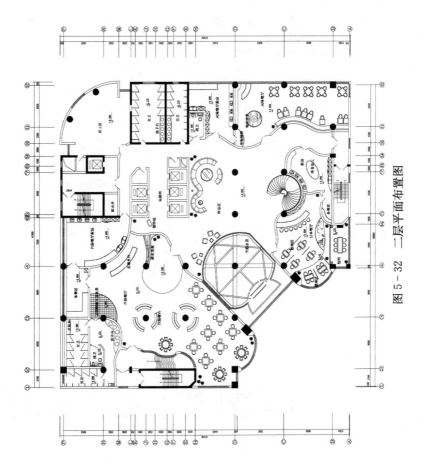

图 5 - 32 二层平面布置图

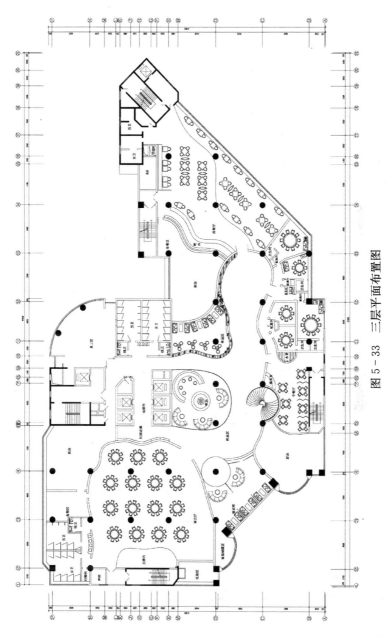

图 5 - 33 三层平面布置图

設計自覚 环境设计师养成手册

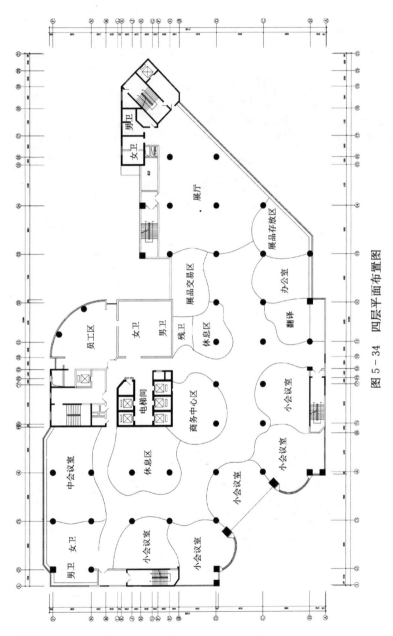

图 5-34 四层平面布置图

120

2. **娱乐空间设计——明星制造 KTV**

(1) 设计说明。

工程名称：造星·触电·荧屏——"M-Idol" KTV。

设计师：杨玥、徐敏。

主要建材：大理石、复合地板、地砖、聚金玻璃、珠帘、摄影专用布、软包等。

主要色调：以红色、黑色、咖啡色、白色、灰色结合。

设计构想："M-Idol" KTV 以"明星制造"为主题，是一处新潮探奇的时尚娱乐空间。它以具有多种空间体验、多样视觉感受为特色，吸引着 K 歌一族。

设计中采用了一系列来源于明星摄影棚的造型元素来组织空间。将摄像机、发光板、大小镜头、靠椅等各种摄影专用道具与布景等结合，通过变形、提炼、重组成为贯穿整个 KTV 的造型主题；采用防火石膏纤维板与聚晶玻璃搭配，造就了富于变化的建筑空间；新潮时尚且带有镜头元素运用，一直延伸至走廊的尽头，并且通过尽头的凸透镜片进一步强化了整个走廊空间的视觉冲击力，营造出具有时空穿梭的空间效果。途经大小各异的包房入口，也采用凹陷式的白色透光影棚造型……每个零散的区域不再沉闷，每个角落都有惊喜！给人强烈的视觉冲击，使人兴奋不已。整座 KTV 在荧屏中写意，在熟悉与陌生间触电，在空间与时间中欢唱。

当踏进大厅的一刹那，你就已经被关注，天棚上成组排列的摄影机装饰灯、两旁的摄影反光板，此时的你身份已经开始改变。走近休息区时，所有人的目光都被摄影棚内的画面所吸引，置身于这灯光烂漫的等候区中，在各个镜头装饰灯前，在背景墙的衬托下，你优雅地靠在休息椅上，自然地摆出各种姿势，忘却了自我，改变了身份，融入其中，充分体验着被关注的快乐、高调的愉悦。

来到二层的音乐休息厅，当你懒懒地倚靠在栏杆上看楼下大厅里的觥筹交错时，伴随着曼妙的音乐和张扬的氛围陶醉在休息厅的背景音乐里，变换的灯光和着音乐的节奏有规律地打照进来，或闪耀璀璨，或寂寥黑暗，个中感受只有怀揣着不同心事的你才能知道吧。

在 KTV 的"造星运动"中，通过"素人明星秀"带给顾客最炫酷的娱乐体验。其最大的亮点在于开设了具有新奇概念的明星主题专区，这里拥有着闪亮耀眼的"明星外表"的大小包房，每个包房入口处都设置了大型的白色透光摄影棚造型，让顾客一踏入包房便能被"召唤出"自己潜在的明星气质。这种设计不仅呼应"明星制造"的概念，还使得整个走廊里光芒四射，"星光"闪耀。

走进包房，更是内有乾坤。设计者依据房间的大小和明星画面的特点设计出部分墙壁画和整面墙壁画，将客人在等候区等候时留下的合影投到墙上，使明星气质渗透在包房中，透过彩色的线条呈现出来，在这样的房间里，我们可以自信地沉浸在自己的故事中，用心去唱出自己的歌声。

这里的许多 KTV 包房都布置得十分华贵亮眼，高贵的红色、尊崇的黑色、大气的咖啡色、简单纯粹的白色以及协调的灰色构成房间的主色调，每一间都营造出独特的情调。当你在一群关注的目光中走上舞台，表情中带着拘谨，直到坐在高脚凳上，麦克风、防喷罩、耳麦、沙发等设施一应俱全，地面与墙壁也铺上了厚厚的地毯和吸音棉，角角落落一寸不落。一缕缕银色的丝线船灯光洒在身上，神秘、冷艳、妩媚、温柔……在台下许多人眼中，报纸杂志的封面女郎总与你有关，这是你触电"荧屏"的初体验。

相信这些明星房对于众多歌友来说一定具有十足的吸引力。

作为标准的体验经济样本，"M - Idol"KTV 应对着更加成熟和细分的消费需求，既作为游戏场所＋免费的晚餐，又作为消费者情绪宣泄和情感沟通的渠道；既有文化的内涵＋时尚的氛围，又有高级视听体验＋优质服务体验＋心理满足体验！为消费者创造出了值得回忆的感受，也创造出了一个亮丽的北京 KTV 神话。

(2) 设计方案（部分）（图 5 - 35 至图 5 - 40）。

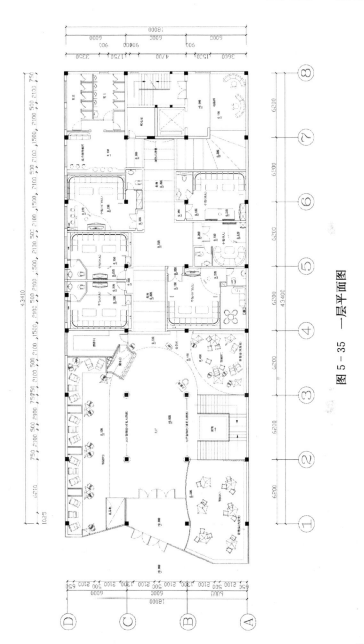

图 5 - 35　一层平面图

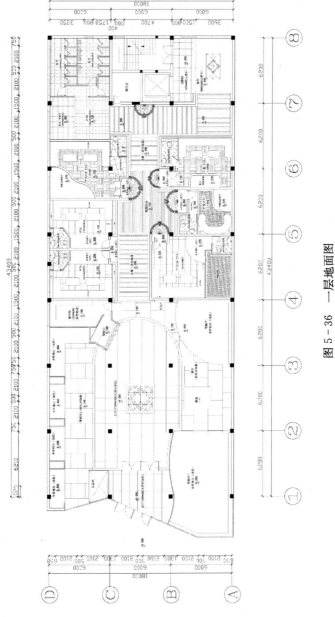

图 5 - 36 一层地面图

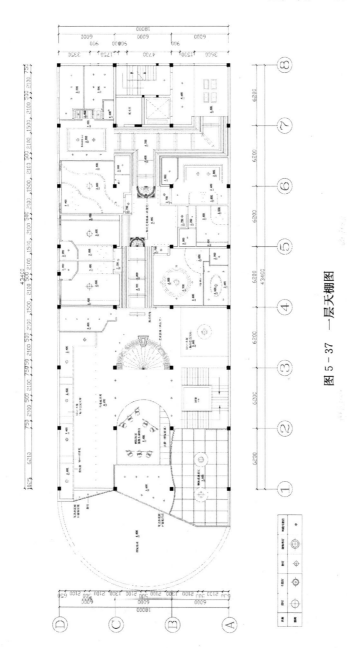

图 5 - 37 一层天棚图

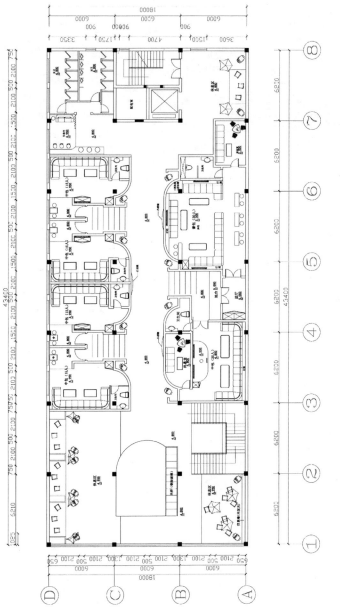

图 5-38 二层平面图

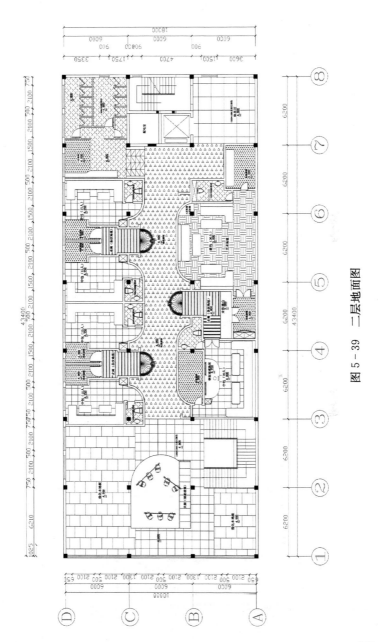

图 5-39　二层地面图

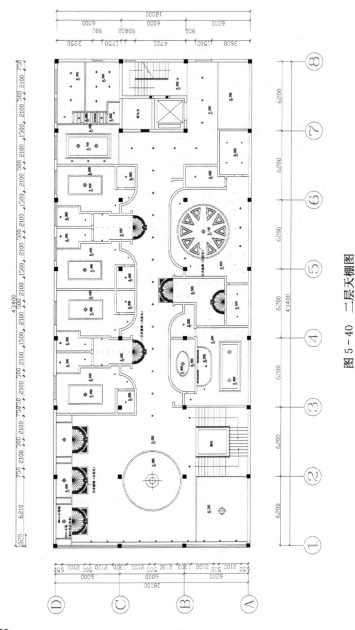

图 5 - 40 二层天棚图

3. 餐饮空间设计——夫妻肺片店

(1) 设计说明。夫妻肺片已经是四川人民再熟悉不过的小吃了，所以在我的设计中，不仅希望夫妻肺片能够继续它的美味，而且还能在此基础上唤起人们对夫妻美好生活的记忆，增进夫妻感情。这不仅是一种味觉的刺激，更是一种记忆的碰撞。

我选择了人们再熟悉不过的家庭布局空间处理模式，将整个大空间分割成了回廊、前院、厨房、客厅、卧室、衣帽间、书房、储藏间以及卫生间这几个功能象征性极强的体块。让人们一走进这个空间，就能马上体会到设计师的用意。

在元素的运用上，也巧妙地将人们生活中各种具有代表性的物件结合到了实际的用途中去，摆脱了在公共场合只具观赏价值的宿命。例如，床——它成了我们品尝小吃的场所，亲近、惬意中又带着一丝慵懒的感觉，让人倍感放松；衣柜——它在向人们展示了布料文化、穿衣文化之后，摇身一变，成为夫妻可观可尝的私密基地。当然，我们不会怠慢那些单身的朋友，常言道"书中自有颜如玉"，因此，拿书柜当饭桌吧，那里也许会有比夫妻肺片更诱人的东西哦！再看看我们的冰箱、橱柜，它们正在发挥着和平时不一样的功能。

当这些熟悉得不能再熟悉的食物，不停地触碰人们内心世界的时候，你有没有发现，这里还在处处宣传夫妻文化。如吊灯上印着的，柱子上刻着的，橱窗中收藏着的，甚至是在菜单上，都匠心独运地以各种形式释放夫妻文化的魅力。在抬头低头间，在每一个转角处，在每一个小摆件上，都有夫妻文化的痕迹，等着你来寻找、来领略、来回味！

在这里，每对夫妻都是夫妻肺片的最好鉴赏家。他们不仅品味出了正宗的川味，而且品味出了四川人的脾性，品味出了人世间夫唱妇随、夫敬妇爱的真挚感情，同时也道出了夫妻肺片所具有的文化意趣。

(2) 方案展示（部分）（图 5-41 至图 5-43）。

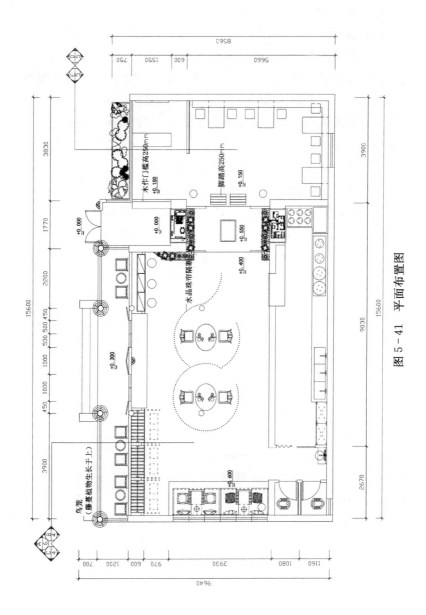

图 5－41 平面布置图

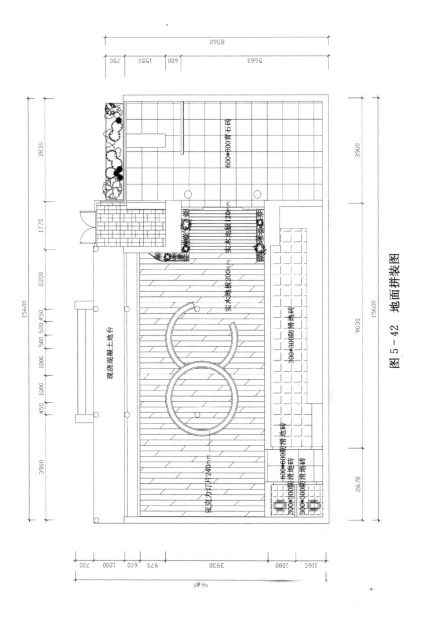

图 5－42 地面拼装图

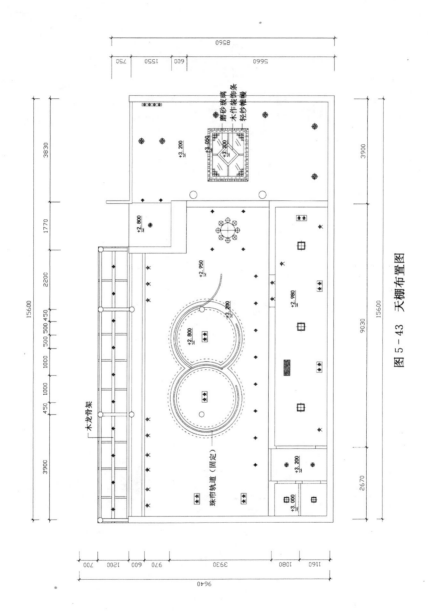

图 5-43 天棚布置图

4. 住宅空间设计——北欧风格

(1) 项目介绍。

项目地址：重庆南岸区恒基翔龙江畔小区

设计师：杨玥。

设计时间：2019年。

套内面积：118米^2。

设计风格：北欧风格＋自然主义。

设计主题：绿野仙踪。

空间氛围：生机灵动（动植物）。

主要色彩：黑白色＋木色＋绿色。

主要材质：木＋草绳＋铁艺。

装饰特征：北欧家具以简约著称，具有很浓的后现代主义特色，注重流畅的线条设计，代表了一种时尚，回归自然，崇尚原木韵味，外加现代、实用、精美的艺术设计风格，正反映出现代都市人进入新时代的某种取向与旋律。

(2) 空间设计图（图 5 - 44、图 5 - 45）。

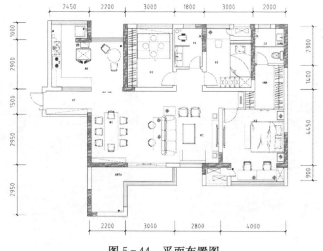

图 5 - 44　平面布置图

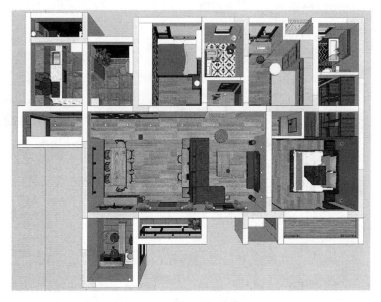

图 5 - 45　模型鸟瞰图

(3) 竣工实景图（图 5 - 46 至图 5 - 65）。

图 5 - 46　玄　关

图 5 - 47　走廊端景

图 5-48　厨房 1

图 5-49　厨房 2

图 5-50　厨房 3

图 5-51　餐厅 1

图 5-52　餐厅 2

图 5-53　客厅 1

图 5-54　客厅 2

图 5-55　客厅吧台

图 5-56　客厅细节 1

图 5-57　客厅细节 2

图 5-58　主卧 1

图 5-59　主卧 2

图 5-60 主卧细节 1

图 5-61 主卧细节 2

图 5-62 主卧衣帽间 1

图 5-63 主卧衣帽间 2

图 5-64 次卧

图 5-65 儿童房

5. 住宅空间设计——小美式风格

(1) 项目介绍。

项目地址：重庆市渝北区招商花园城锦园。

设计师：杨玥。

设计时间：2018 年。

套内面积：60 米²。

设计风格：小美式风格。

装饰特征：小美式风格，在家具和配饰上基本延续了现代美式风格的特点，单纯、自然，充满个性化。家具和配饰是传统美式的缩小版，但仍然采用实木家具，减少雕花、弧形等装饰，采用直线、纯色、粗犷的风格，更能体现个性化。

(2) 空间设计图（图 5 - 66）。

图 5 - 66　平面布置图

(3) 竣工实景图（图5-67至图5-70）。

图5-67 客厅1

图5-68 客厅2

图5-69 餐厅1

图5-70 餐厅2

6. 住宅空间设计——现代简约风格

(1) 项目介绍。

项目地址：南充市顺庆区马电花园小区。

设计师：杨玥。

设计时间：2017年。

套内面积：90米^2。

设计风格：现代简约风格。

装饰特征：现代风格是将设计的元素、色彩、照明、原材料简化到最少的程度，但对色彩、材料的质感要求很高。因此，简约的空间设计通常非常含蓄，往往能达到以少胜多、以简胜繁的效果。此风格是时下比较流行的一种风格，追求时尚与潮流，非常注重居室空间的布局与使用功能的完美结合。

(2) 平面图设计（图 5 - 71）。

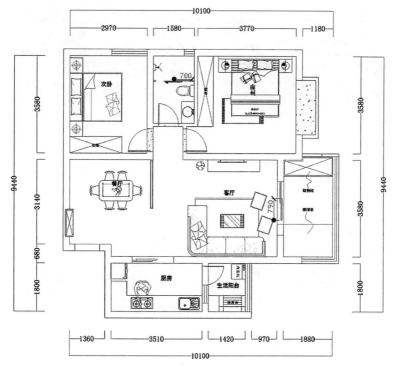

图 5 - 71　平面布局图

(3) 效果图设计（图 5 - 72、图 5 - 73）。

图 5 - 72　客　厅

图 5-73　餐　厅

7. 家具设计与制作实验　本次家具设计与制作实验的理念为废物利用。直觉上，之所以取名"一起旋转"，是根据它给人的第一视觉感受命名的，每个第一眼看到它的人都会立刻坐上去用脚蹬，试图让他转起来；形式上，这种大圆小圆的组合关系也显得十分和谐，采用的材料显得新颖，材质搭配恰当；功能上，由于这是一套整体感很强的三人坐桌凳，因此和现在重庆人最热衷的活动——"斗地主"，自然而然地联系起来了，能适应市场（图 5-74）。

图 5-74　"一起旋转"

（三）建筑设计

1. 大学城轻轨站概念设计　大学城——重庆这座城市中的新宠，在这个聚集了 11 座高等院校的新生之城，建设一个带有标志意义的轻轨站，在连接院校与城市交通纽带的同时，也笼络各校学生，编织了一个"玫瑰环"。它是学生迈向社会的起点站，同时也是社会与学院之间交换能量的供血站。因此，大学城轻轨站应该是开放的、生态的、超前的，同时又是扎根于这片学府高地的。现代化、网络化、信息化、生态化的生活方式将从这里诞生。

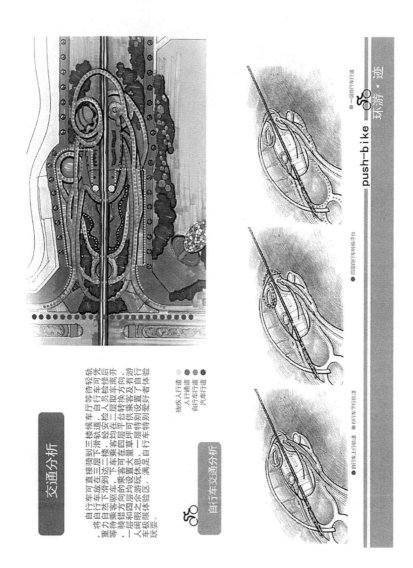

交通分析

自行车可直接骑到三楼候车厅等待轻轨，将自行车放在三层下滑轨道；自行车可凭轻力自然下滑到二楼，经安检人员检修后等待乘骑。骑车者可在二层取车离开，下车乘客均在四层平台转换方向。骑车措方向的乘客可在四层转换客容及有游一层和四层均设置大量草坪可供乘客置了自行人闲限之余游玩休息，满足自行车特别爱好者体验车极限体验区。玩耍。

● 独类人行道
● 人行通道
● 自行车专道
● 汽车专道

自行车交通分析

● 一段骑行有标志
● 四层自行车特别换乘台
● 自行车上行轨道 ● 自行车下行轨道

142

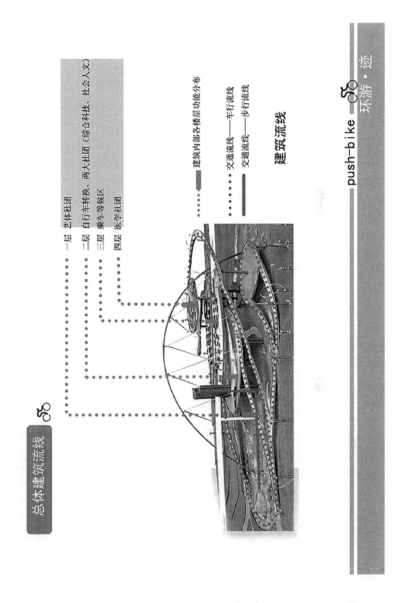

总体建筑流线

一层　艺体社团

二层　自行车转换、两大社团（综合科技，社会人文）

三层　乘车等候区

四层　医学社团

建筑内部各楼层功能分布

建筑流线

交通流线——车行流线

交通流线——步行流线

push-bike　环游·迹

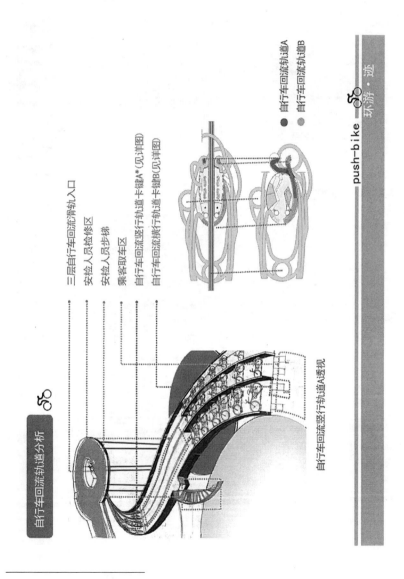

自行车回流轨道分析

三层自行车回流滑翔轨入口

安检人员检修区

安检人员步梯

乘客取车区

自行车回流竖行轨道卡键A*(见详图)

自行车回流横行轨道卡键B(见详图)

自行车回流竖行轨道入透视

● 自行车回流轨道A

● 自行车回流轨道B

push-bike 环游·迹

---

* 卡键即带有自动开合功能的卡槽。——编者注

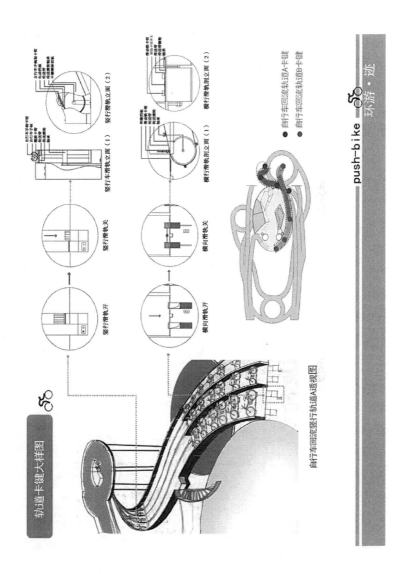

轨道卡键大样图

竖行车滑轨立面（1）　　竖行车滑轨立面（2）

竖行滑轨开　　竖行滑轨关

横行滑轨剖立面（1）　　横行滑轨剖立面（2）

横向滑轨开　　横向滑轨关

自行车回流竖行轨道入透视图

● 自行车回流轨道A卡键
● 自行车回流轨道B卡键

立面图及模型展示

三层候车厅剖面

总立面

模型展示

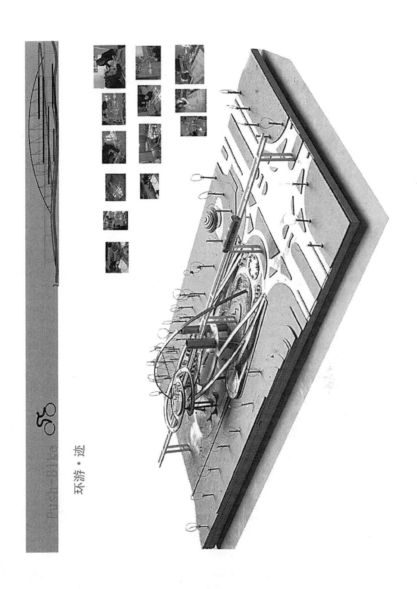

环游·迹

Push-Bike

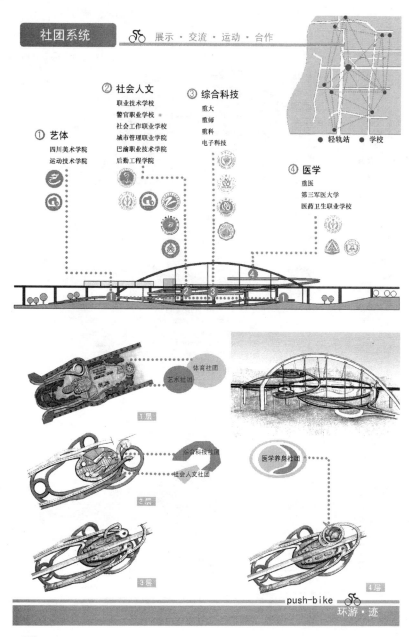

社团系统　　展示 · 交流 · 运动 · 合作

① 艺体
四川美术学院
运动技术学院

② 社会人文
职业技术学校
警官职业学校
社会工作职业学校
城市管理职业学院
巴渝职业技术学院
后勤工程学院

③ 综合科技
重大
重师
重科
电子科技

④ 医学
重医
第三军医大学
医药卫生职业学校

● 轻轨站　● 学校

体育社团
艺术社团
1层

综合科技社团
社会人文社团
2层

3层

医学养身社团

4层

push-bike
环游 · 迹

社团系统

一层平面·艺体社团区

体育社团

艺术社团

1 cosplay 动漫社 摇滚社

2 艺术舞台 体操社

3 建筑入口

4 自行车竞技场 自行车族

5 自助停车场

6 写生摄影社

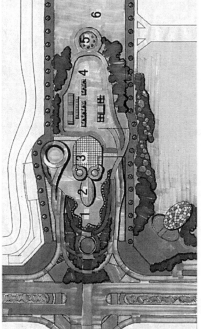

二层平面 · 综合科技社团区　社会人文社团区

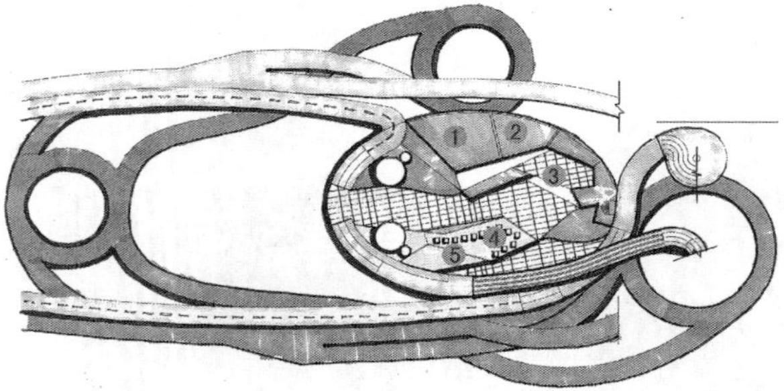

社团系统

综合科技社团
社会人文社团

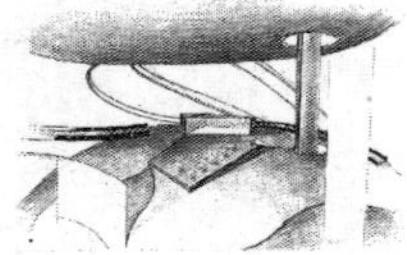

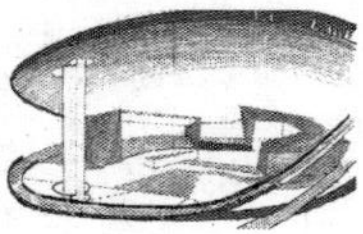

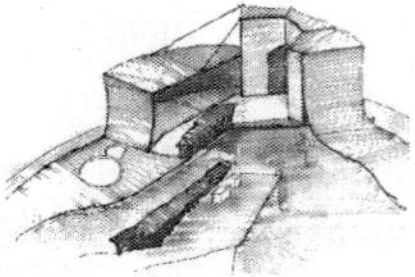

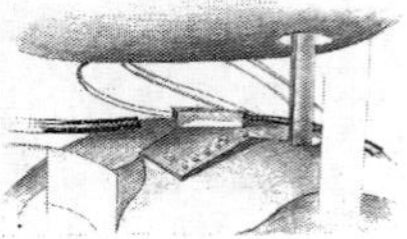

① 公共管理社　④ 通信工程协会
② 天文学社　　⑤ 法律协会
③ 机器人爱好协会　学术报告厅

社团系统　　三层平面 · 乘车等候层

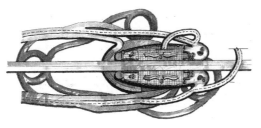

① 步行入口 ② 自动售票厅 ③ 等候大厅 ④ 行车者入口 ⑤ 自行车回收口

等候区平面图（部分）　　● 等候区侧立面图

社团系统　　四层平面 · 医学养身社团区

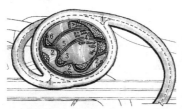

① 自行车进出口　② 空中停车场
③ 格瑞斯瑜伽社　④ 有氧健身健身区
⑤ 疯狂英语角　　⑥ 养身交流学会

151

关爱系统  关爱·残障人 贫困生

① 自愿者服务站 ② 勤工俭学站
③ 就业咨询站 ④ 合作创业基地
⑤ 跳蚤市场 ⑥ 社会实践办公室

关爱·残障人——组织各高等院校志愿者群体

关爱·贫困生——搭建创业就业支持平台

1. 勤工俭学（自行车维护）
2. 社会实践指导
3. 创业合作基地

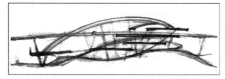

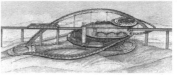

大学城轻轨站设计草图 1 　　　　大学城轻轨站设计草图 2

2. "模块化" 校门概念设计　如图 5 – 75 所示。

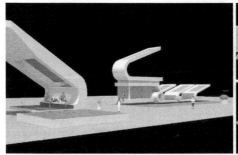
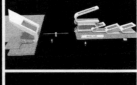

图 5 – 75 　"模块化" 校门概念设计模型

3. 生态建筑试验模型 如图 5－76 所示。

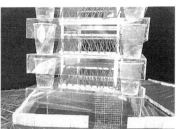
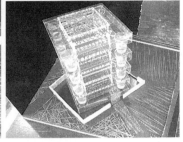

图 5－76　生态建筑试验模型

（四）反思

1. 市场需求与设计的关系　无论是哪一类别的消费者群体，其日常生活中使用的产品都是市场化的大众产品，也是设计者对各消费群体的消费心理、消费习惯、消费能力等方面进行了比较深入地研究之后而设计的产品。由此可见，市场需求决定了设计，是设计师个人赖以生存的基础。而良好的设计对市场具有导向性，能改善市场。适应市场的设计无论从制造者的角度，还是从消费者的角度看，都是一个统一的整体。它综合了市场的各种因素，能够满足人的全面需求。

2. 适度设计与概念设计的关系　一个设计之所以被称为设计，是因为它解决了问题。设计不可能独立于社会和市场而存在，符合价值规律是设计存在的直接原因。中国当代的许多概念设计，都有许多幻想的成分在里面。"幻想"是现实之梦，但也可能是明日之现实。这也是概念设计与适度设计之间关系的写照，试问今天的市场化产品又有多少不是以前的概念设计？因此，概念化设计越普及，对市场化产品的推动越大，还助于提高全体消费者的审美素质。我们目前应大力缩短概念设计与市场化产品之间的距离，加快市场化产品审美质量的提升。

3. **设计美学**　设计美学，不是一个固定不变的设计法则、金科玉律，它是一门综合性极强的学科，是对人们的美感经验、具有使用功能的造型活动的综合性研究。设计美学综合了社会、文化、经济、技术、心理、市场、艺术各种因素，其审美标准也随着这诸多因素的变化而改变。

4. **接受美学对设计的启示**　在接受美学看来，艺术经验使人摆脱了具有控制关系的历史，使人的行为具有价值的独立自主性。正是借助于艺术经验，人才得以拒绝意识形态对世界的解释，而坚持自己的解释。设计者通过对人们的爱好、情趣、风尚等的理解去把握现实，反映生活，凭着人们的"期待视野"感受到了人们的需要，不知不觉地设计出人们所需的产品。

5. **完形心理学对设计的启示**　完形心理是指人们对尚不完整的事情总是努力做出猜测，应该怎样才能使之完整。在原有感性材料的基础上，通过已积累的知觉材料经过加工创造出新形象。对于未完成的事情，人们总是会根据过去的经验，形成个人的理解与想象。如果我们尽可能地激发完形心理，培养想象能力，就能做出更好的设计。

6. **设计管理的重要性**　设计管理现在已经变成各级设计单位、设计团体之间交流时最常谈论及研究的主题。策划与管理对设计团体而言，是将理念转化为具体可行的方案，是实施具体项目和各项活动的必经过程。周详的策划与有力的管理可以使设计活动推行更有效率，而这有赖于精密的事前规划、人员协调合作以及事后的检讨评价。一个具有创造力的设计管理工作者，需要担起组织经营的长期计划，设定符合团体需求的目标，在明确具体的方针策略实行的情况下，透过有效的管理来达到设计团体的成功。

六、 分享—— 一加一大于二

"一加一大于二"是 2017 年 5 月 14 日中华人民共和国主席习近平在"一带一路"国际合作高峰论坛开幕式上的演讲中提出的。而从古至今，不断有伟人对"分享"的行为加以颂扬和鼓励。

英国文学家萧伯纳说道："倘若你有一种思想，我也有一种思想，而我们彼此交流，那我们将各有两种思想。"

英国散文家、哲学家培根说道："如果你把快乐告诉一个朋友，你将得到两个快乐，而如果你把忧愁向一个朋友倾诉，你将被分掉一半忧愁。"

美国作家、演说家马克·吐温说道："悲伤可以自行料理，而欢乐的滋味如果要充分体会，就必须有人分享才行。"

台湾武侠小说家古龙说道："快乐是件奇怪的东西，绝不因为你分给了别人而减少。有时你分给别人的越多，自己得到的也越多。"

而对于现代设计师们来说，"分享"这种行为大致包括对话（交流、研讨、讲座）、发表、参展等活动。

（一）对话

1. 学术研讨

（1）意大利国立弗罗西诺内美术学院交流会。 意大利国立弗罗

156

西诺内美术学院教授、意大利皇家名誉艺术家、雕塑家 **Jacopo Cadillo** 于 2017 年 4 月 12 日来重庆工程学院进行艺术交流沙龙活动（图 6-1）。Jacopo 教授与前来交流的老师们进行了一场别开生面、轻松愉悦的艺术交流。Jacopo 教授先是邀请现场几位老师以他为模特在 5 分钟内作画。通过短短的 5 分钟，他发现几位作画老师大部分时间关注画纸和笔，而不是模特。随后，在 Jacopo 教授的邀请下，我校余东铭老师和漆骏老师分别与他展开了一场中、意艺术家"华山论剑"式的作画体验：双方对视，不看画纸，1 分钟内完成作画。全场老师起立观战，将整场沙龙活动推向了高潮。画作之后，Jacopo 教授感叹地说："这就是真正的艺术，忘记技巧，凝视对方却幻化成了自己，赋予了作品感情。"这种"感情重于技艺"的艺术理解引起了全场老师们的共鸣，Jacopo 教授高超的艺术造诣更是让现场所有老师受益匪浅。

图 6-1 Jacopo Cadillo 在重庆工程学院进行艺术交流沙龙活动

(2) 重庆高等教育智慧教学研讨会。 2018 年 11 月 29 日上午，由教育部在线教育研究中心指导，于重庆大学开展了"重庆市高等教育智慧教学研讨会"。各高等院校工作者共计 240 余人参加了会议，一起研讨了如何进一步推动移动互联网时代课堂改革创新，探索智慧教学发展的创新思路和创新应用新模式。教育部在线教育研究中心副主任于世浩做了关于"新时代智慧教学研究前瞻"的主题分享，针对数字时代学生课堂上的一些不良现象，分析了传统课堂和智慧课堂关于师生教学状态的转变。复旦大学教师发展中心副主任蒋玉龙做了关于"智慧教育开启课堂革命"的主题分享，讲述了智慧教育在课堂应用中的影响。清华大学信息技术中心高级工程师杜婧以"《信息技术学习、教育和培训在线课程》国家标准"为题，就在线精品课程建设与实践做了生动详尽的讲解。学堂在线副总裁潘守东介绍了精品在线开放课程建设、应用以及混合式教学实践，帮助教师们推进智慧课堂的打造。

2. 专业讲座　在进行了多年的专业学习、实践、教学与反思之后，我便开始计划着如何将自己这些年的专业学习心得与实践经验分享给更多的学生，于是开始着手举办了室内设计和景观设计的专题讲座。

重庆航天职业技术学院讲座现场　　　重庆文理学院讲座现场　　　重庆电信职业技术学院讲座现场

图 6-2　室内设计专业讲座

（1）室内设计专业讲座。 从 2017 年开始，我先后在重庆工程学院、重庆航天职业技术学院、重庆文理学院、重庆电信职业技术学院等高校进行了室内设计专业讲座（图 6-2）。讲座主题为"谁毁了我的设计——室内设计方案效果控制"，其内容分为两大板块：

第一版块题目为"本来我是这么想的"。此部分主要介绍高端室内设计相关信息，用时约 30 分钟，包括"高端室内设计师能力需求"与"高端室内设计市场的发展"两部分内容。其中"高端室内设计师能力需求"介绍了普通住宅设计与别墅设计的区别、课程设置、人才要求等内容；"高端室内设计市场的发展"介绍了别墅设计概述、市场发展现状、案例分析等内容。

第二版块题目为"但却被你毁了"。此部分主要论述方案效果图与竣工实景图存在差异的原因及解决办法，并进行"从草图构思到设计变更"沟通技巧的演示，用时60分钟，包括"设计与施工过程中的方案效果控制"及"设计演示"两部分内容。其中"设计与施工过程中的方案效果控制"分析了效果图与实景图的对比、设计纠纷案例并提出了设计解决办法等内容；"设计演示"则是演示如何通过数字手绘进行从草图构思到设计的变更过程。

(2) 园林景观设计专业讲座。 在多场室内设计讲座取得了还不错的反响之后，我又开始了园林景观设计专业讲座的准备工作。2018年，我先后到重庆文理学院、重庆电信职业技术学院、重庆航天职业技术学院等高等院校做了主题为"避短与扬长——一个景观设计师的深度自我剖析"的园林景观设计专业讲座，其内容分为三大版块：

第一版块题目为"关于我（心路历程）"。此部分主要介绍我从学生到设计师再到教师的心路历程，分析了世人眼中的设计师与设计师眼中的自己，同时分享了自己十年从事设计的几个代表项目，用时约30分钟。

第二版块题目为"关于你和它（行业发展 vs 自我评估）"。此部分介绍了园林景观设计及相关行业的发展状况，并根据市场发展引导学生进行自我专业能力评估，用时约30分钟。主要内容有：一是介绍园林景观设计及相关行业的发展状况，包括园林景观设计的专业定位、发展前景、岗位类型、工资待遇、人才培养模式等；二是以设计市场对设计师的要求为导向，带领学生进行准确的自我专业能力评估与定位，看清自己优劣势后设定奋斗目标；三是举例说明如何在市场竞争中，将自我专业能力最大化，克服劣势凸显优势的方法。

第三版块题目为"技巧演示（设计手绘）"。此部分以手绘这一专业技能为例，演示如何通过现代数字化的方法来克服自己传统手绘技能的不足，用时约30分钟。内容如下：

①情景模拟。面试任务：通过手绘进行快题设计→卷面效果：

直线布置、透视错误、色彩太俗、植物太丑→面试结果：失败。

②改进办法。将传统绘画工具（绘图纸、拷贝纸、铅笔、钢笔、中性笔、马克笔、彩铅、橡皮、直尺、三角板、丁字尺等）改为 Photoshop 与数位板。

③数位板手绘过程演示。

（二）发表

1. 发表的意义　发表一词，汉语词典解释为：思想、观点、文章和意见等东西通过报纸、书刊或者公众演讲等形式公之于众。个人理解即将自己的创作作品或研究理论等进行详细介绍并向社会推广，其中论文是最常见的发表形式。论文的发表有以下几个方面的意义：

（1）研究论文的发表是进行科学研究的重要手段。英国物理学家、化学家迈克尔·法拉第说道："开拓，研究完成，发表。"可见论文发表对一个研究者有多么重要。

（2）研究论文的发表可以促进学术交流。科学研究是一种承上启下的连续性的工作，一项研究的结束可能是另一项研究的起点。因此，科技工作者通过论文发表进行学术交流，能促进研究成果的推广和应用，有利于科学事业的繁荣与发展。

（3）研究论文的发表是衡量学术水平的重要指标。一篇论文的发表，是发现人才的重要渠道，发表论文的数量和质量也是衡量一个研究人员学术水平的重要指标。

2. 发表情况记录　现将近几年我所发表的作品及文章罗列如下：

（1）《登山入口大门设计》发表于《现代装饰》2015 年 2 月总第 239 期第 187 页。

（2）《健身公园设计》发表于《美术大鉴》2015 年 6 月总第 50 期 35 页。

（3）《简约风格餐厅效果图》发表于《美术教育研究》2016 年 6 月（下旬刊）第 31 期 164 页。

（4）《攀岩建筑设计》发表于《大众文艺》2016 年 4 月总第 290 期插页 2。

（5）《穿斗式游廊建筑设计》发表于《美与时代》2017 年 4 月（上旬刊）第 459 期，封二。

（6）《关于高校新校区入口空间的形象景观设计研究》发表于《西江文艺》2017 年 6 月期第 91 页。

（7）《重庆特色文化在大学校园景观建设中的传承和发展研究》发表于《大观》2018 年 5 月（下旬刊）总第 141 期第 69 页。

（8）《关于软装设计实训课程改革的思考》发表于《当代教育与实践教学研究》2018 年 11 月第 2 期第 72 页。

（9）《基于互联网零售平台的软装设计实训教学研究》发表于《教育现代化》2019 年 10 月第 79 期第 257～259 页。

（10）《互联网＋室内住宅空间软装设计教学研究》发表于《教育教学论坛》2020 年 3 月第 8 期第 309～310 页。

（11）《互联网＋双创教育融入设计实训教学的研究——以"室内软装饰设计"课程为例》发表于《创新创业理论研究与实践》2020 年 5 月第 57 期第 120 页。

（三）参展

除了发表论文和作品之外，还可以通过参展的方式与更多的人分享交流我们的研究成果。近几年，我选取了部分作品参加国内举办的大小设计展览：

1. 第四届全国高等院校数字艺术作品展

展览形式：2 400 毫米×1 600 毫米 KT 板。

作品一：德感生态工业园景观设计（图 6 - 3）。

"德感生态工业园景观"设计说明：重庆市江津区德感工业园区从传承地域性资源出发，重塑园区"德"文化的意义。建设具有地域特色、业态特征、内涵丰富、特点突出的重庆市江津区德感工业园风貌景观园区。例如，园区大门"德门"的方案创意将园区敞开的大门化身为两部园区史册，比喻立足历史之大德，共创今明之伟业，暗示园区未来事迹都将载入史册。目前此项目已竣工。

作品二：生长的建筑——健身公园广场景观设计（图6-4）。

"生长的建筑——健身公园广场景观"设计说明：缙云山健身公园中心活动广场设计主题为"生长的建筑"，灵感源于山上郁郁葱葱生长的树木。运用系统化、人性化的设计理念，营造整体性空间，使人们在其中自由穿梭与互动。广场分为休息区、餐饮区、娱乐健身区、眺望区，从大众行为分析出发，通过设计实现场地多功能化。中心广场空间形态层次丰富、主题鲜明的审美特征，使人感到丰富有趣。

2. 第五届全国高等院校数字艺术作品展

展览形式：1 200毫米×900毫米KT板。

作品一：沁园——别墅庭院景观设计（图6-5）。

"沁园"设计说明：此为一座现代风格的别墅庭院，梅、兰、竹、菊布置于庭院的每个角落。小溪从庭院外面引入，溪中有鲤鱼和荷叶，既有观赏作用又有食物来源，物尽其用；在小溪的另一边设计了一座小亭，可以乘凉，也可观赏庭院风景，旁边有葡萄架。

作品二：怡情之院——别墅庭院景观设计（图6-6）。

"怡情之院"设计说明：本案主题是"怡情"，选择中式园林风格精心打造了隐于喧嚣城市中的一块宁静之地，尽最大努力还原业主心中的世外桃源，其中叠山水池和太极岛都是本案的设计亮点，旨在将生活情趣融入山水之意，让崇尚健康的生活方式得以实现。

作品三：舞魅——别墅庭院景观设计（图 6-7）。

"舞魅"设计说明：在该别墅设计上打造以"舞魅"为主题的英式庭院风格。生存于社会环境中，人们渴望一个可以忘我的休闲惬意的家居环境。本设计中将涂鸦元素与道路相结合，移步异景。在景观的营造上，以植物造景为主，多用紫色的花灌木。

作品四：静逸园——别墅庭院景观设计（图 6-8）。

"静逸园"设计说明：觅一处桃林，得一丝清闲。本设计灵感来源于电视剧《三生三世十里桃花》，前院以一片桃林引入，设置一个古典风格且富有闲情逸致的安家庭院，再以一个单臂长廊，上面附上枝头低垂着的竹子，形成一个门洞，想给人一种朦胧感，穿过单臂长廊是主题所在，有山、有水、有花，有古代园林中的亭子，不仅可以给男主人和女主人带来工作时的创作灵感，同时也考虑到老人所向往的清闲之地。

3. 第八届四川美术学院研究生年展

展览形式：3 张尺寸为 2 400 毫米×900 毫米的 KT 板。

作品名称：缙云山步道健身公园景观规划与广场设计（图 6-9 至图 6-11）。

设计理念：缙云山中心活动广场设计主题为"向上生长，向下沉淀"。

绿地规划思想：步道沿线保留原有乔木，运用地被及喜阴灌木丰富绿化层次，修复湿地绿化系统。节点区域增加景观树种的营造搭配，提升场地中植物的空间层次、季相和色相变化。

主体建筑设计：在原建筑区域重新设计服务功能一体化的穿斗式游廊，沿山体适当下沉，建筑运用"负构手法"沿地形适当下沉，将地域特色、功能互补、生态理念与空间布局巧妙结合。游玩流线营造了内外空间迂回、上下交错的游览体验，层次丰富有趣。使人们身临其境，在整体性空间里自由穿梭与互动。

设计自觉 环境设计师养成手册

作品名称：德感生态工业园景观设计
参 赛 人：杨玥
参赛单位：重庆工程学院

关键词："德·感"文化、工业文脉、生态环境
从传承地域性资源出发，重塑工业园区"德"、"感"文化的历史意义，共筑宜居宜业的巴渝工业名园。

园区大门

图 6-3 德感生态工业园景观设计

164

图 6-4 生长的建筑——健身公园广场景观设计

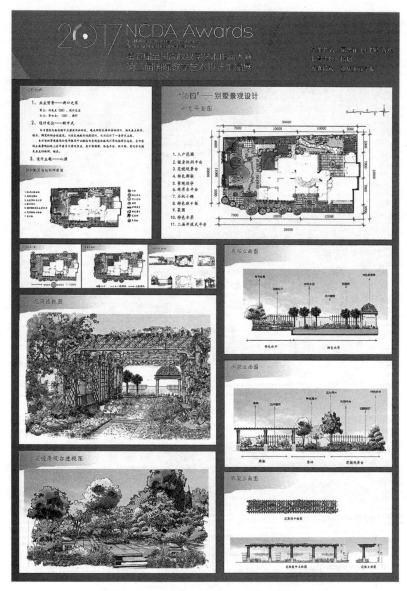

图 6-5　沁园——别墅庭院景观设计

图 6-6　怡情之院——别墅庭院景观设计

图6-7 "舞魅"——别墅庭院景观设计

图 6-8 静逸园——别墅庭院景观设计

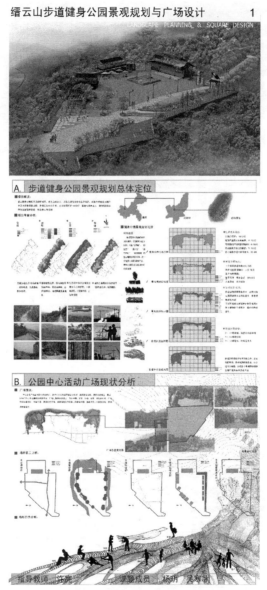

图 6-9　第八届四川美术学院研究生年展1

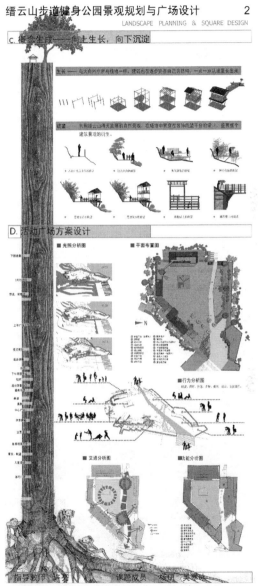

图 6-10　第八届四川美术学院研究生年展 2

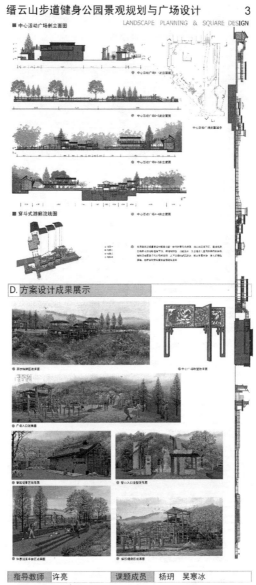

图 6-11　第八届四川美术学院研究生年展 3

七、 自觉——有比设计更重要的事

（一）职责

作为一名环境设计师，应明确自己的学习职责，通过本专业终身性的学习和实践，较为全面地掌握系统化的环境设计基本技能，并能较好地适应环境设计工作的需要。同时，作为设计主体，设计师应当明确自己的社会职责，自觉地运用设计为社会服务，为人类造福，完成作为设计师的社会职责，诠释设计师的深刻内涵。

1. 学习职责

①了解本专业设计的产生与发展变化。

②了解本专业设计师必须具有的知识结构和综合素质。

③掌握本专业设计的过程与方法。

④了解本专业设计的要素，熟悉各功能房间的设计要点。

⑤熟悉人体工程学、人类行为学、心理学等学科与本专业设计的关系。

⑥掌握本专业设计的学习方法。

2. 社会职责　从本质上说，设计是一种社会性工作，设计师从事设计的目的不是为了个人的艺术表现，而是为了服务于大众。

因此，一名合格的设计师应该讲诚信、有服务精神、有正确的价值观、有一颗乐于奉献的心和保护环境的意识等，履行一名设计师应有的社会职责。

（1）讲诚信。 诚实信用是一个人的立身之本，也是市场经济活动的道德准则，是一切参与者在市场活动中应遵循的道德准则。一名设计师如果没有诚信，则难以完成一个优秀的设计项目，更难以发挥自己的潜能和取得成功。诚信是设计师必须具备的道德素质和品格。

（2）善服务。 作为设计创造的主体，设计师的设计必须是用来改善人们的生存条件和环境，为人们创造更好的生存条件和环境服务的。用简单的一句话说就是"为人类的利益设计"，这是社会对设计师的要求，也是设计师崇高的社会职责所在。

（3）价值观正。 在当今经济繁荣的社会中，有的设计师一味地追求利益最大化，只考虑如何讨好消费者，赢得消费者的购买心理，却没有考虑到自己设计出的产品是否违背了社会公德，设计作品中是否充斥着不健康、不文明的元素，成为社会的公害。设计师必须树立一个正确的价值观，才能真正实现"为人类的利益设计"，才能真正实现一名设计师的自身价值。

（4）环保意识强。 设计师的社会责任感还体现在是否具有可持续发展的理念，能否有效控制与节省设计作品的成本与资源的消耗。作为科学发展观的基本要求之一的全面协调可持续发展是当今世界的必然要求。设计师应该从人类的长远利益考虑，从人类的生存环境和地球可利用资源考虑。

（5）乐于奉献。 一个人的价值不只体现在他个人财富的多少、学识的深浅，而是看他为社会做出了哪些贡献，是否造福于人类。设计师还要具备一颗为社会做奉献的心，多设计出一些对公共事业有利的作品，为一些特殊群体、社会弱势群体服务，同时还需传播与弘扬优秀的民族文化与优良传统。

（二）素养

1. 素养要求　作为设计创造主体的设计师，不仅要掌握相关的专业知识与技能，还要不断提高自己的文化艺术修养，充分了解国内外设计行业发展动态和趋势，树立一个专业性强、水准高的设计导向，使自己的设计更好地服务于社会。除了有较为扎实的专业技能之外，一名优秀的设计师还需具备良好的沟通能力、文学功底、创造意识、团队精神和敬业自律等素养。

（1）沟通能力。 除了专业技能外，设计师还应在表达能力上具备很强的水平。设计师和甲方之间的关系是一门学问，需要互相站在对方的角度考虑问题。如果设计师没有良好的沟通能力，设计的方案再好，也不能让客户准确地领悟到。甚至有的设计师对于客户的基本要求都没有准确地把握，那设计水平再高，也不能对症下药。因此，把握客户心理的沟通技巧是不可缺少的一项能力。

（2）文学功底。 除了专业技能和沟通能力以外，设计师还是一种对文学功底要求很强的职业，缺少哪一点都会决定我们看待问题的局限性。设计师应该提升自身修养，广泛地汲取各方面的知识，包括历史、文学、经济社会等，充实自己。深厚的文化文学功底、渊博的历史知识会为我们的设计作品赋予灵魂、赋予生命、赋予高贵的品质。

（3）创造意识。 设计师应该具有积极的创造力，对社会生活不断观察、发现、分析，获得有益的人生经验，运用于艺术设计中，充分发挥设计者的创造力，利用人类已有的相关科技成果进行创新构思，设计出具有科学性、创造性、新颖性及实用性的成果。

（4）团队精神。 实际设计工作中，许多设计项目是需要团队配合完成的，会受到经济、材料、经营、基础条件和人为干扰等多种因素的制约。开展设计工作是一个集体行为，成功的设计师都是成功的合作者。因此,一个设计师是否具有团结与协作的团队精神显得尤为重要。在团队中,应注重不同学科知识和技能渗透的科学方法,培养处理设计中的综合互补能力,具备守纪、尊重原则与协作的精神。

(5)敬业自律。敬业,是一个人对自己所从事的工作及学习负责的态度;自律,是遵循法律并以此为基础进行的自我约束。设计师应是一位敬业自律的高尚人士,自觉遵守行业的规范,警惕自律,杜绝抄袭行为,减少模仿、借用的过程,重视原创性的艺术设计,并用于尝试各种开创性的设计探索。

2. 终身学习 为适应社会的发展,无论是职业设计师还是设计专业的教师、学生,都应该始终保持终身学习的状态。终身学习启示我们树立终身教育思想,使我们学会学习,更重要的是培养主动的、不断探索的、自我更新的、学以致用的和优化知识的良好习惯。

(1)向历史学习。历史为我们留下了大量经典的作品,这些经典的作品都是某一历史时期的建筑材料和技术、社会文化意识的集中反映。同时这些经典作品是历经了漫长的时间所沉淀下来的千锤百炼的传世之作,在造型、比例、尺度等方面形成了一整套的设计语言和语法规则,有其经典性。对经典作品的学习和研究可以了解不同历史时期的建筑风格和表现手法,从而丰富今天的设计语汇。

(2)向大师学习。研读大师的作品,体会大师的观点和言论无疑对年轻的设计师有很多帮助。首先,大师的作品是风格成熟的作品,在构造方式、造型处理、材料运用、审美意识上可供参考学习;其次,大师的作品具有极强的时代风格,研读这些作品,可以一当十地抓住这类作品的要点;再次,大师的言论具有精辟性,是对他们作品的极好诠释,可以帮助我们提高对其作品的理性认识。

(3)向客户学习。一切设计应以人为本,客户比设计师更懂自己需要什么,设计师要做的就是如何把客户的需求合理化。每次了解客户,就是一次了解自己的机会。设计师要把握好每一次这种机会,利用这种机会改良自己的思路,调整心态,从而达到提升自己的目的。因此，设计师应怀着一颗谦卑的心，不同客户的不同生活经历和服务需求往往会给我们上宝贵的一课。

(4) 在实践中学习。环境设计是一门实践性很强的学科，任何设计方案都必须拿到实际环境中接受施工技术和条件的检验。因此，对于初学者和年轻的设计师们来说需要大量的实践，并在实践中不断积累经验，磨炼自己。特别是在实践过程中要注意：室内空间尺度的临场感受、动态视觉与静止画面的差异、真实场景中的材料感受等。

(5) 在生活中学习。环境设计是一门生活的艺术，生活为环境设计师提供了取之不尽用之不竭的源泉。学习生活、研究生活是环境设计的必修课程。环境设计师应是一个热爱生活的人，需要以极大的热情投入到现实生活中去（图7-1）。

人是生活的主体，设计更需要以人为本。因此，研究人、人的行为、人的喜怒哀乐，研究不同人的生活态度、价值观和生活方式，这些都构成了对生活研究的重要部分。对生活了解得越多，对人及其行为观察得越细致，对人及生存的社会环境认识得越深刻，就越能够在设计中加以全面分析和阐释。

图7-1 记录与分享

（三）结语

设计，几乎涵盖了人类有史以来的一切文明创造活动，设计师的社会责任非常重要的，这种责任来自各方面的要求和期待，这与设计在生活中的作用密切相关。不管从什么角度出发，设计师的职责都是为大众而设计。作为一名设计师，我们必须不断提升自己，不管是从专业能力还是个人素质方面，都应时刻带着这份"设计自觉"、提升"自我修养"，在设计的道路上，为社会贡献自己的绵薄之力。